Shigeaki Yamazaki
山崎 茂明

発表倫理
PUBLICATION ETHICS

公正な社会の礎として

樹村房

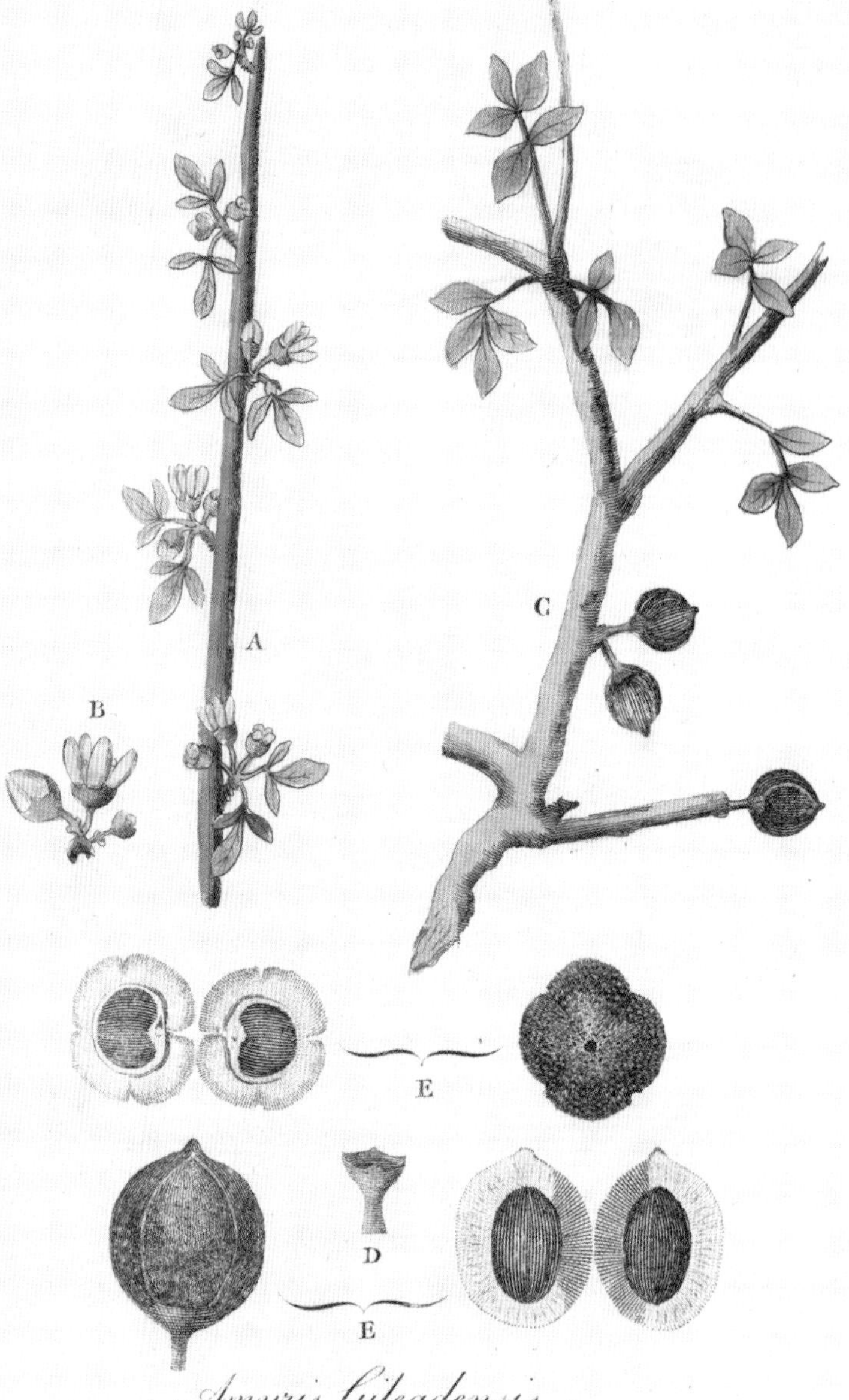

Amyris Gileadensis

口絵解題

メディカル・アンド・フィジカル・ジャーナル誌は、ブラッドリーとウィリッヒにより、１７９９年にロンドンで創刊され、１８１４年の32巻で幕を閉じた。イングランドで最初に成功した医学領域の総合誌として評価されている。各巻５００頁を超え、１００点以上の図版が掲載された。その多くは折りたたまれており、少数ではあるが手彩色されたカラー図版もみられる。創刊号の序文のあとには、発刊を祝うかのように、美しい「Amyris Gileadensis（和名メッカ・ミルラ）」の手彩色された植物画が掲げられている。この植物は、紀元前１７３０年以前から東方の医師により処方されてきた著名な薬物のひとつで、今日でもトルコや他の東方諸国において、効き目のある薬剤とみなされている。それが、ヨーロッパへもたらされ、同誌の創刊号でベルリン大学の教授ヴィルデノウによって広く紹介された。芳香性樹脂に強い香気があり、英国王室の推奨するホメオパシーのエッセンシャルオイルの材料となる。

愛知淑徳大学図書館蔵書

まえがき

科学研究は、会議や学術誌での発表をもってプロジェクトが終了する。その成果は、専門を同じくする同僚（研究者）の評価（ピアレビュー）により信頼性を付与され、社会へ公表されていく。こうした根拠の明らかにされた論文の積み重ねが今日の知識基盤社会を支え、社会の健全性を保証している。経済や産業、そして生活の質の発展を基礎づける科学研究にミスコンダクト（不正行為）が混在すれば、社会基盤に揺らぎが生じる。研究不正や論文不正ばかりでなく、建築の耐震構造偽装、自動車や航空機などの製造業における検査データの改ざん、政府統計や報告書における不正、保険不正、成績不正など、学術社会から一般社会までミスコンダクトは広がっている。

ねつ造、改ざん、盗用といったミスコンダクトの排除だけでなく、共同研究における個々の研究者の貢献度をめぐる争い、不適切な実験動物の扱い、研究資金源の秘匿、寄与が無い人を著者リストに含めるギフト・オーサーシップなど、発表倫理の視点から公正さが検証されるべきである。この発表倫理に着目することで、研究プロセス全体の公正さをチェックし、さらに人文社会科学や自然科学といった専門領域を超えて、共通する問題として広く論じることが可能になる。公正・誠実であることが、何よりも大切な信条でなければならない。

発表倫理は、研究コミュニティの内部で自然に醸成され、時間をかけて浸透していくと考えられてきたが、これで十分とはいえない。近年発生した研究不正は、院生やポスドクなどの若手研究者を対象にした公式な教育プログラムの確立を要請するだけでなく、シニア研究者を含む広い世代の研究者へ向けた論文の書き方教育が、発表倫理の側面から強化されなければならないことを示している。なお、実験医学誌に発表していた2003年頃には「publication ethics」を「出版倫理」と訳していたが、出版者側の倫理として狭く捉えるのではなく、著者を中心に位置づけて考察されるべきであると考え、「発表倫理」と表現することとした。

本書のねらいは、発表倫理を、研究不正に対する解法とみなす視点にある。特に、オーサーシップをめぐる深刻な問題に焦点をあてる。明確な将来像を示すために、歴史を掘り起こし、現在の事例と向き合い、さらに、研究世界を映しだす鏡として文献データベースを位置づけ、論文データから研究動向や活動実態を俯瞰した。発表倫理は、公正な社会の礎として機能する。

本書は、国際医学情報センターが刊行する機関誌『あいみっく』に連載した「論文発表の倫理」から13編、『病理と臨床』（文光堂）から1編、そして「ブリタニカ国際版」から1編を、各誌の編集委員会からの了承を得て転載した。なお、一書とするにあたって、初出時の誤りを訂正し用字・用語の統一を行った。末筆になりましたが、本書の編集にご尽力いただいた樹村房編集部の安田愛氏に感謝いたします。

2021年1月　横浜にて

山崎　茂明

目次

V部　歴史を振り返って

I部　研究環境の改善

研究のミスコンダクト（scientific misconduct）は、水や大気の汚染と向き合う環境問題の枠組みとして捉えることができる。研究者を取り巻く研究環境は大きく変化しており、環境への介入なくして改善は図れない。科学研究が、知的好奇心を満たす高尚な趣味であった17、18世紀のヨーロッパと、経済発展や生活の質、そして安全保障を支えるまでに発展した今日とでは、その役割と目的は異なっている。研究不正にどのように対処するべきか、科学研究をめぐる環境変化に着目する必要がある。

1章　科学研究目的の変化

講演会の場で

発表倫理をめぐる講演や学外講義の場で、時としてミスコンダクトの実態と問題点に関連し、根本的な質問を受けることがある。そのひとつに、科学研究の目的は何かという指摘があり、個人的な感想を述べてみたい。

科学研究の目的やその位置づけは、時代や社会状況とともに変わるものである。人々や社会との関係性も変化するだけに、研究者が守るべき規範や行動様式を示す研究倫理も変わっていく。また、同時代のなかで、異なる文化に基盤を置いた、異なる研究倫理観が並存しているのかもしれない。目的や役割は変化するものであるだけに、初期の目的を確認することが出発点になる。

知的好奇心からの出発

科学研究の目的を考えてみよう。ヨーロッパに富と変動をもたらした大航海時代をへて、経済的に豊かな市民階級が主要地域に出現してきた。17世紀の初期、オランダの市民たちは、画家に集団肖像画を描かせ、静物画を室内に飾るようになった。それまで、画家のパトロンは、宮廷や寺院であり、主に歴史画や宗教画、そして肖像画が生み出されてきた。経済的な富を得た人々が、日々の生活の豊かさを、絵画のなかに記憶させたといえよう。

科学が生まれた17世紀、その目的は、第一に「知的好奇心」を満たし「精神のやすらぎ」を得ることであり、高尚な趣味として考えられてきた。それが、「経済発展」や「生活の質」の向上、さらに「安全保障」の強化、という実益を目的とするようになっていった。米国大統領クリントンは、科学政策立案のための基礎資料である *Science and Engineering Indicators 1998*（全米科学財団）の序文で以下のように明確に述べていた。

科学技術の改良は新しい経済発展の基盤となるだけでなく、さらにそれ以上の影響がある。科学技術への投資は、より高い収入を得られる仕事、より快適な医療、より強固な国家的な安全、そしてすべてのアメリカ国民の生活の質に寄与する。新しい世紀の、世界規模での経済を活気づける先端産業での主導権を維持するために、アメリカの能力として欠くことのできないものである。

日本においても、１９９５年の科学技術基本法で、科学技術創造立国を目指し、さらにフロントランナーへと位置取りを変えることを宣言した。

科学研究が生活を豊かにする

科学研究とその応用が人々に幸せをもたらした例に、ジョサイア・ウェッジウッド（Josiah Wedgwood, 1730–1795）の陶器製造[1][2]が当てはまることを知ったのは、１９９５年の秋にロンドンのウエルカム医学史図書館に滞在していた時であった。ウイリアム・モリスのデザイン作品やコンスタブルの風景画で知られているヴィクトリア・アルバート博物館で、ウェッジウッド特別展（The Genius of Wedgwood）を偶然見る機会があった。ウェッジウッドは「女王の陶器」と呼ばれ王室に用いられたことをきっかけに、イギリスの家庭に普及していった。女王と同じ陶器を使用することで、人々は生活の豊かさを実感したかったのであろう。

このウェッジウッドの陶器製造の成功には、彼の科学者精神が反映していた。同じ色彩と強度を得るために、土や顔料による実験を繰り返し、その結果を実験ノート（Experimental Book）に記録し、最適な燃焼温度や時間などを明らかにした（図1－1）。また、正確な温度管理の必要から高熱温度計を発明し、1783年、これらの業績で王立協会（Royal Society）の会員に推薦され、その成果を1784年のフィロソフィカル・トランザクションズ（*Philosophical Transactions*）誌に発表した。

実験成果をもとに質の高い同質の陶器を大量に生産し、地域を超え、全イギリスをマーケットとした。日本でも、褐色の麻から白い木綿への衣装の変化や、白色の地の瀬戸焼の普及などは、人々の心を明るくしたであろう。それまで、生活に必要な物産は基本的に、各村や町での自給自足体制のもとで提供されていた。しかし、大量に優れた安価な商品が生産されるようになり、いわゆる近代資本主義経済の形成により、物流が全国的な規模で起き、運河の整備などが進行した。科学が経済発展の基礎となる図式を示す例に、ウェッジウッドの陶器製造はよく当てはまる。科学の成果が人々の生活の豊かさに結びついた代表的な事例のひとつである。

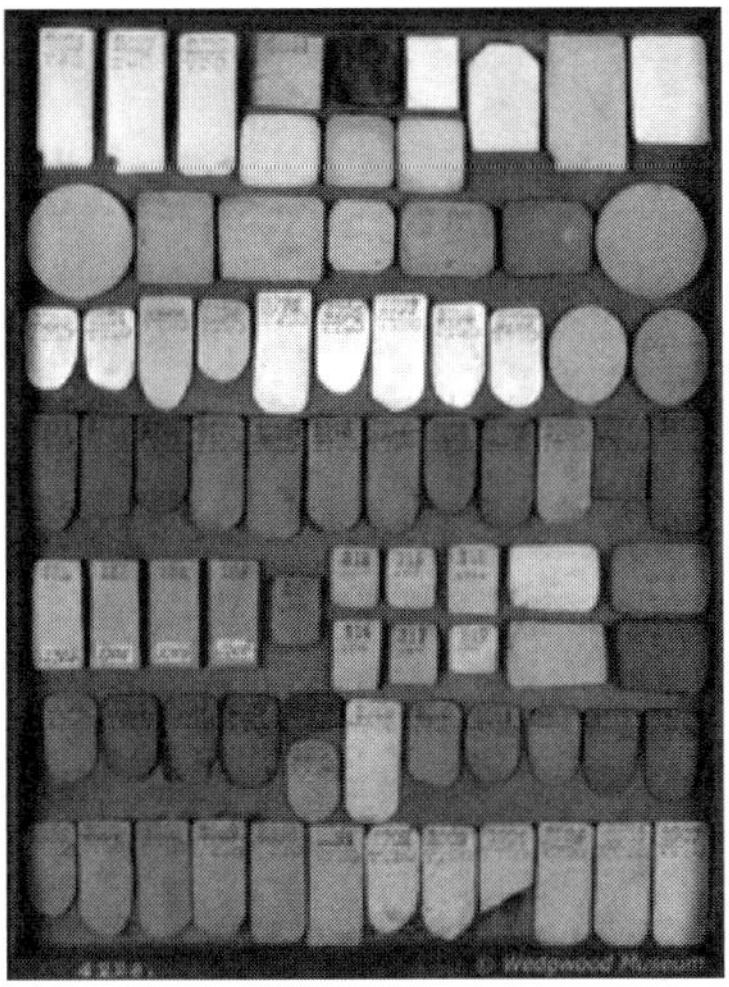
図1－1　ウェッジウッドの実験陶片。作成番号、窯の記号、燃焼温度などが、陶片に示されている。実験の詳細は実験ノートに記載されている。
出典：www.gutenberg-e.org

科学研究は、個人の趣味を超え、産業革命を支える知識基盤へと発展した。なお、ロンドンの大英博物館で、啓蒙主義ギャラリーの常設展示のなかに、ウェッジウッドの実験陶片を見ることができる。

科学研究を伝える

中世の学術世界では、学者はヨーロッパ各地の大学や寺院を訪問し、そこで保管されてきたマニュスクリプト（手稿本）と、書物の周辺や文末に記載された先人たちの注釈（marginal note）を読むために旅をしていた。彼らは旅する学者[3]（wandering scholar）と呼ばれた。旅を通した学術情報の伝達は、ゆっくりとしたものであった。

近世初期になり、科学的な知見は、学会を中心に口頭で伝えられ、それが記録されるようになった。また、新しい発見や考えは、学術的私信（scientific letter）により、個人やグループ間でやりとりされ伝播していった。王立協会の書記であったオルデンバーグ[4]（H. Oldenburg）は、寄せられた手紙や、イギリスやヨーロッパに散らばったコレスポンデントからのニュースなどを、関心あると思われる人々に転送する役割を担っていた。近代的な郵便制度はまだ形成されておらず、オランダの哲学者であるスピノザとロンドンのオルデンバーグの間では、通常1、2週間を要していた。速い例としては、片道4日間で送られていた事例も、『スピノザ書簡集』[5]の14と15書簡に見つけられる。しかし、私信では誰が最初の発見者かを、特定することが難しく、先取権をめぐる争いを解決できなかった。オルデンバーグは、協会へ送られてきた私信をもとに1665年にフィロソフィカル・トランザクションズ（図1-2）を創刊し、科学情報を広く迅速に伝え、同時に先取権争いの混乱を収めることに成功した。

フィロソフィカル・トランザクションズの創刊に二カ月先立ち、パリで書評誌の性格をもった総合誌ジュルナル・デ・サヴァン（*Journal des sçavans*）が刊行されていた。オルデンバーグは、世界最初の学術雑誌を手にし、フィロソフィカル・トランザクションズを総合誌でなく、科学の発見と観察記録の掲載の場として発行することを決めた。なぜ科学的な内容に限定したのだろうか。当時のイギリスは、清教徒革命後の混乱期にあり、政治や宗教の話題は対立を増大させるからである。現代を例にすれば、戦後の東西冷戦下に政治的な対立関係にある研究者であっても、専門を同じくするものであれば、対立を超えて学術交

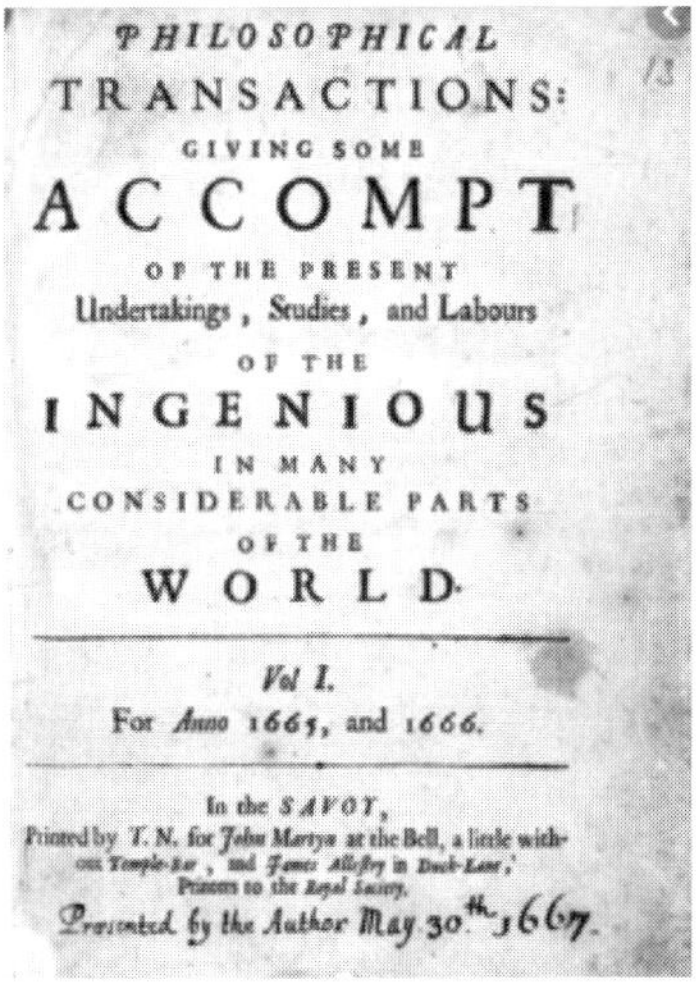
PHILOSOPHICAL TRANSACTIONS: GIVING SOME ACCOMPT OF THE PRESENT Undertakings, Studies, and Labours OF THE INGENIOUS IN MANY CONSIDERABLE PARTS OF THE WORLD.

Vol I. For Anno 1665, and 1666.

In the SAVOY, Printed by T. N. for John Martyn at the Bell, a little without Temple-Bar, and James Allestry in Duck-Lane, Printers to the Royal Society.

Presented by the Author May 30th 1667.

図1-2　1665年3月、ロンドンで *Philosophical Transactions* が発刊された。政治や宗教界のニュースを除外し、新しい実験や観察の記録を掲載した。今日の科学雑誌に近い。

出典：Kulib.kyoto-u.ac.jp

流ができるのと同じである。科学は、さまざまな違いを乗り越えて、合意を形成することを可能にする方法である。

変わる目的と変わらない目的

科学や科学者集団、そして学会や学術誌が生まれた17世紀において、知的好奇心を満たし精神のやすらぎを得るという現在と変わることのない役割や目的があった。さらに、アインシュタイン（Albert Einstein, 1879–1955）も述べていたように、「科学のもっとも顕著な実際的効果は、生活を豊かにするものの考案が可能になることです」[6]という指摘に誤りはない。科学応用がもたらす豊かさの実現は、科学の発展によるものである。しかし、20世紀の二度の大戦には、多くの科学者が協力をし、重要な役割を演じたが、それと同時に生体実験を含む生命倫理違反を起こし、科学研究における逸脱行為やミスコンダクトも出現した。科学は巨大になり、人々がコントロールできる範囲を超えたのである。私たちは、科学研究の影響力が社会全体に浸透している状況下にあり、個人としての科学へのこだわりや想いを忘れていたかもしれない。アインシュタインは、ひとりの科学者として、科学研究の目的を原点から問い返している。少し長いが、デュボスの『生命科学への道』[7]のなかにアインシュタインの言葉があり、率直で飾らない声は共感を呼ぶ。

人々を芸術や科学の道へ導く最も強い動機の一つは、厳しく苦しい、そして惨めでわびしい現実生活からの逃避であろう。あるいはまた、自由な欲望への束縛からの解放であろう。こうした消極的な動機に加えて、より積極的な動機もある。人は誰でも自分自身のため、どんな形であれ、明るくシンプルな世界を心に描きそれを追求する。そして現実の世界をそのイメージで置き換えようと望む。画家、詩人、思索的哲学者、自然科学者たちは、みなそれぞれ方法は異なるが、この置き換えを試みている。自分を取り囲む渦巻きのような小さな現実の社会から離れて、心の安静と平和を得、明るくシンプルなイメージの世界を形づくるために、自分の精神の生活にかけるのである。

2章 繰り返される研究不正——求められる環境改善

学術論文の信頼性

2014年1月末に、STAP細胞の発見がネイチャー誌に掲載され、ノーベル賞級の業績としてマスコミに大きく喧伝された。若手研究者（小保方晴子）を筆頭に、日本を代表する研究機関である理化学研究所（理研）の著名な研究者と、ハーバード大学の研究者を共著者にした論文であり、再生医療への応用を目指す研究者も参加していた。掲載されたネイチャー誌は、採用率が10％以下の厳しい審査により、選び抜かれた論文が発表される国際誌として知られている。しかし、ネイチャーの論文審査は不正を見いだすことができなかった。

研究者は、最終的に成果を論文にまとめる。論文には再現性を保証するうえで必要な情報が記載され、結果の信頼性が担保される。論文は学術誌に投稿され、その質がレフェリーシステムにより審査される。この論文発表にいたる評価プロセスを経て、研究成果は専門領域の進歩に寄与し、信頼できる知識として社会へ応用されていく。私たちの生活の質と健全な社会を支えている知識基盤は、学術論文が堅固な煉瓦となり、積み上げられ構築されている。その学術論文の信頼性に揺るぎが生じ、国際的にも日本の科学研究に対する信頼が失われつつある事態に直面した。

信頼性を支えるレフェリーシステム

レフェリーシステム[1]は、専門を同じくする同僚による評価制度である。1665年にフランス（図2-1）とイギリスで、二つの学術誌が創刊された。そのときすでに、編集者による査読が行われていた。同僚を示すピアと審査を示すレビューから、ピアレビュー（同僚審査）の語も用いられる。

1論文に対して、編集者が二人のレフェリー（査読者）を指名するのが一般的である。実際の査読には、匿名性をめぐり三つの方式がある。第一は、最も多く採用されているシングルブラインド制であり、レフェリーは著者が誰か知っているが、レフェ

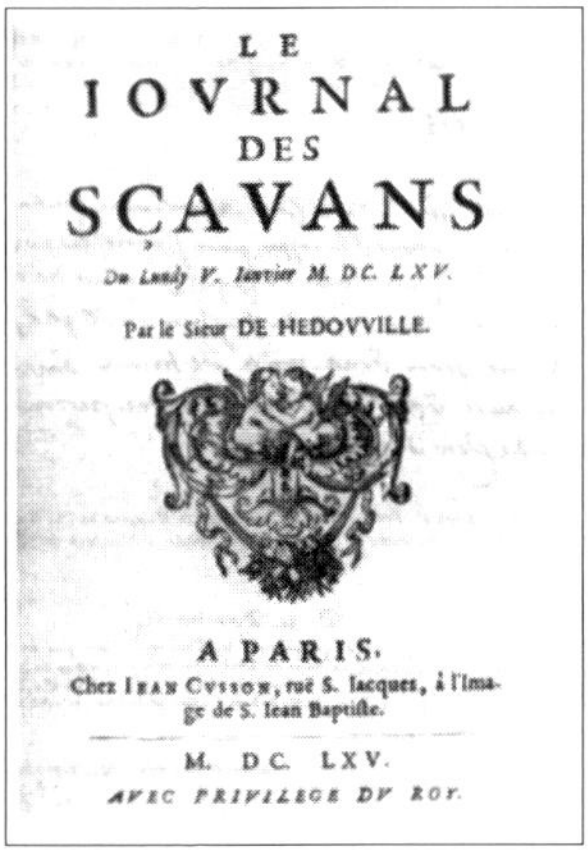
LE
IOVRNAL
DES
SÇAVANS
Du Lundy V. Ianvier M. DC. LXV.
Par le Sieur DE HEDOVVILLE.
A PARIS,
Chez IEAN CVSSON, ruë S. Iacques, à l'Image de S. Iean Baptiste.
M. DC. LXV.
AVEC PRIVILEGE DV ROY.

図2-1　1665年1月、世界最初の学術雑誌として*Journal des sçavans*がパリで創刊された。書評誌的な性格をもった総合誌。
出典：asakura.asablo.jp

リー名は著者に知らされない方式。第二はダブルブラインド制であり、レフェリーも著者も互いに匿名で行われる方式。この場合、著者を特定できる謝辞や引用文献リストを取り外す必要があり、事務量は増える。第三は、ノーブラインド制であり、レフェリーも著者も名前を隠さずに行われる方式。この方式は、オープン・ピアレビューともいわれる。

レフェリーシステムの抱える問題点として、レフェリーの保守主義がある。レフェリーは、学問分野のスタンダードを支えてきた専門家であり、これまでの常識を破るような研究に対して否定的になる傾向がある。それだけに、編集者はレフェリーの意見に反してでも、新しい独創的な論文を積極的に掲載していく努力が求められる。

レフェリーシステムが、研究者の性善説に依存し、結果として不正を見抜けなかったことは、多くの撤回論文の存在からも明らかである。さらに、決定的な批判があり、審査過程にあってレフェリーや編集者による不正（editorial misconducts）が出現したことである。レフェリーや編集者によって投稿論文のアイディアや成果を盗用されたり、意図的な審査の引き伸ばしにより先取権を横取りされたりする例は、研究者の不満としてよく聞く話である。編集・審査プロセスに起こる不正行為は、レフェリーシステムへの信頼を壊しかねない重大な問題となる。

１９９９年、*BMJ*（英国医師会誌）のリチャード・スミス（Richard Smith）委員長が、レフェリー名を著者に隠さずに投稿論文を審査するオープン・ピアレビューの提言をし、この方式を実行している。審査プロセスにおけるレフェリーの匿名性を、なぜ否定したのだろうか。理由は、レ

フェリー名をオープンにすることで、盗用や引き伸ばしといった匿名に隠れた審査の乱用を除去できるからである。(2)

不正行為への無力や、編集者側の不正行為など、レフェリーシステムをめぐる議論は厳しいものがある。しかし、レフェリーシステムが批判の的になるにしても、消えることは考えられない。このような状況のもとで、スミス委員長により提案されたオープン・ピアレビューは、不正への対応として優れたものである。

研究不正の定義

研究の不正行為の定義は、米国の研究公正局（Office of Research Integrity: ORI）が採用している定義が広く認められている。研究不正は「研究の申請、実行、審査、あるいは研究結果の報告などの諸側面における、ねつ造、改ざん、盗用」と定義されている。(3) いわゆる、ＦＦＰ（fabrication, falsification, plagiarism）として知られている。研究の実行段階だけでなく、助成金申請時の不正、論文審査時での盗用なども含めることを示している。(4)(5)

・ねつ造（fabrication）……データや結果をでっちあげ、それらを記録し報告する。

・改ざん（falsification）……調査対象、装置、プロセスなどを操作したり、データや結果を意図的に変更したり除外することである。研究が正確に記録されない。

・盗用（plagiarism）……他人のアイディア、プロセス、結果、言葉などを、適切な信任を得ずに流用すること。

・研究の不正行為は、誠実な誤りや意見の相違を含むものではない。

これに対し、日本を代表する研究機関である理研は、ウェブサイト上で「科学研究上の不正行為への基本的対応方針」を2006年1月に公開した。しかし、定義のところで「論文審査（reviewing research）」を「（研究の）見直し」と訳していた。これは、研究不正の実態を理解していない訳といえる。また、「誠実な誤り（honest error）」を悪意のない間違いと訳し、「悪意のない間違いは研究不正には含まない」とし、悪意がなければ不正ではないという誤った主張の余地を残した。

研究不正が社会的な関心を呼ぶようになった契機は、1974年のスローン・ケタリング癌研究所でおきたサマリーン事件といわれている。しかし、2000年12月に連邦政府の定義が発表されるまでの四半世紀の間に、科学界で意見をまとめることができなかった。争点は、研究の自由が損なわれることを恐れ、研究不正をFFPに限り狭く定義しようとするアメリカ科学アカデミーと、「その他の逸脱行為」を含み広く定義すべきであると主張した国立衛生研究所（NIH）、研究公正局（ORI）、全米科学財団（NSF）などの助成機関、そして不正の広がりに悩まされていた科学雑誌編集者たちとの考えがまとまらなかったのである。さらに、研究不正の取り組みに対する省庁間の温度差も存在し、連邦政府としては、小さな一歩から始めたといえる。

主な研究不正事件

サマリーン事件

*BMJ*誌の編集委員長であったスティーヴン・ロック（Stephen Lock）は、研究不正がマスコミに取り上げられ、広く関心を呼ぶようになった契機として、1974年に報じられたサマリーン事件を位置づけた。(6) ニューヨークのスローン・ケタリング癌研究所のサマリーン（W. Summerlin）は、ネズミの皮膚移植実験の成功を示すために、白いネズミの皮膚をフェルトペンで黒く着色した。当初は、気の触れた研究者に責任があるとみなされていたが、研究室は革新的な業績を常に発表し続けることで外部から研究資金を獲得しなければならず、結果として研究者へのプレッシャーを高めていた。成果をめぐり、競争下にある厳しい研究組織の実態が見えてきたのである。個人に原因があるのではなく、むしろ現代の研究組織や助成システムに、研究不正を生み出す要因が存在していることに人々は気づいたのである。

アルサブティ事件

1980年にイラクの癌免疫学者アルサブティ（E.A.K. Alsabti）による、史上最大の論文盗用事件が明らかにされた。(7) 彼は1977年に米国の研究機関でキャリアをスタートさせたが、各地で問題を起こした。フィラデルフィアにあるジェファーソン医科大学の細菌学教室では、指導を受けていた教授から強い不正の存在を指摘される。アルサブティは60編に及ぶ出版済みの論文をタイプし直し、タイトルや著者名を変え、名の知られていない米国外の雑誌に投稿していた。不正が露見しなかった理由は、論文発表の舞台がマイナー誌であり、これらの論文が他の研究者から引用されることもなかったためである。

ボルチモア・イマニシ＝カリ事件

１９８６年に、ボルチモア・イマニシ＝カリ事件が報道された。ボストンのタフツ（Tufts）大学の生物学者イマニシ＝カリ（Theresa Imanishi-Kari）が、分子生物学領域の一流誌であるセルに発表した論文への疑惑が、同じ研究室の若手研究者マーゴット・オトゥール（Margot O'Toole）により告発された。(8) 論文のデータと実験ノートのデータの違いを、改ざんとして指摘されたものであった。イマニシ＝カリ論文の共著者にノーベル賞受賞者であるボルチモア（D. Baltimore）の名があり、ボルチモア事件として語られることになった。ボルチモアはイマニシ＝カリの上司にあたり、彼はこの事件が影響し、ニューヨークのロックフェラー大学学長職をおりなければならなくなった。総合科学雑誌や単行本でセンセーショナルに扱われたこの事件は、１９８８年の下院の公聴会でジョン・ディンゲル（John Dingell）議員により取り上げられた。しかし、議会での調査にも限界があったことが、専門の調査機関を公衆衛生庁内に創設することにつながった。

フィッシャー事件

1993年4月の*ORI Newsletter*誌1巻2号で、カナダのモントリオールにある聖ルーク病院の乳癌の臨床試験データにねつ造があった事例が報告された[9]。同時に、1993年6月21日号の連邦政府の公報にも、研究公正局がロジャー・ポワソン（R. Poisson）の不正行為を公表し、「乳癌・大腸癌の治療に関する臨床試験研究」プロジェクトの再分析を計画しているという内容であった。不正を行ったポワソンでなく、この臨床試験プロジェクトの研究代表者の名で呼ばれているのは、癌専門家としての名声がフィッシャー（B. Fisher）にあるからである。

この臨床試験の内容が社会的な反響を呼び起こしたのは、1994年3月13日のシカゴトリビューンのクルードソン（J. Crewdson）記者のスクープ記事「乳癌研究における不正」が発表されたからである[10]。この記事について、さまざまな影響がすぐに現われ混乱をもたらした。女性の多くは、研究者、臨床試験、そして調査結果に対して疑問を感じ、また乳房全体ではなく腫瘤だけを切除する新たに推奨されたランペクトミーについても不信を表明するような事態になった。研究世界への懐疑は、医療の信頼性を侵すようになるといえる。クルードソン記者は、フィッシャーが不正に早くから気づきながら、データ分析のやり直しや、その結果の公表にあたり、積極的な役割を果たしていない点を批判した。フィッシャーの対応は一般の人々の感覚とは異なっており、このことを専門家は忘れてはならない。

ピアース事件

　1994年に報じられたロンドンの聖ジョージ病院医学校の産科医であったピアース（Malcolm Pearce）によるねつ造論文事件は、メディアを通してイギリス社会に広く報知された事例である。英国医師会の発行する総合医学雑誌*BMJ*誌に大きく取り上げられ、ピアースの上司である産婦人科教室教授チェンバレン（G. Chamberlain）へのギフト・オーサーシップ（gift authorship）へと問題が発展した。チェンバレンは責任をとり、英国産科婦人科学誌（*British Journal of Obstetrics and Gynaecology: BJOG*）の編集委員長を辞任し、王立産婦人科学会の会長も退いた。ピアース本人は、この論文ねつ造により聖ジョージ病院医学校を解雇され、医籍登録を抹消された[11]。

図2-2　著者か謝辞か、それが問題だ

　このピアースによる論文ねつ造事件のもうひとつの重大な側面は、ギフト・オーサーシップが、人々に注目されたことである（図2-2）。これは、著者の資格（オーサーシップ）をもたない人物の名前を、その人物に贈り物（ギフト）をするように著者欄に表示する行為である。本来、論文内容への責任を共有するというオーサーシップの要件からすれば、ねつ造論文の共著者に名前を連ねることはないはずである。しかし、研究者は、著者の資格がないにもかかわらずギフトを受けとり、軽い気持ちで認めてしまう。

理由は昇進や登用、さらに研究助成金の獲得といったことのためである。

ヘルマン・ブラッハ事件

1997年に公表されたヘルマン・ブラッハ（Friedhelm Herrmann and Marion Brach）事件は、イギリスが研究不正へ本格的に取り組むきっかけになったピアース事件と同じように、ドイツ最大の不正行為事件としてドイツ科学界に大きな影響を与えた[12]。

二人のドイツ研究者が1988年から1996年の間に発表した37論文で、主にオートラジオグラムのようなデジタル画像のねつ造を中心に、データ操作と改ざんが見いだされた。これはきわめて重大な不正事例であり、ドイツ科学界において前例のない規模になった。彼らは、細胞成長と細胞周期調節の研究領域でリーダーとみなされていたドイツの著名な研究者で、1980年代にハーバード大学で研究を始め、その後マインツ大学とフライブルグ大学において共同で研究を行ってきた。履歴から見ても、外部からは基礎医学研究者（ブラッハ）と臨床研究者（ヘルマン）との共同研究が円滑に継続されてきた例としか見えない。

ES細胞ねつ造事件

ソウル大学獣医学部教授の黄禹錫《ファンウソク》（Hwang Woo Suk）は、米国の *Scientific American* 誌から、「最も優れた研究者2005年」に選ばれ、韓国においても、2005年に21世紀のバイオ革命を主導する業績により「最高科学者第1号」に選出された。黄らの研究は、ネイチャーと並び世界を代表する科学誌であるサイエンスに発表されたが、過熱した韓国マスコミが、正式な発表解禁日を破って公表してしまい、サイエンス誌だけでなく、世界のジャーナリズムから批判された[13]。世界初のヒトクローン胚からES細胞作成に成功した論文（サイエンス 2004年3月12日号）と、さらに患者の体細胞を使ってクローン胚を作りそこからES細胞の作製に成功した論文（サイエンス 2005年6月17日号）である。これは治療用クローン技術の可能性を示したものであり、世界的な反響が起きた。ES細胞培養技術は、韓国の経済発展や先進医療を支える基盤技術になるだけに、莫大な政府資金が投入された。

2005年11月、サイエンス論文の連絡責任著者でもあるピッツバーグ大学教授のシャッテン（Gerald Schatten）から問題が指摘された。研究に使われた卵子の入手に倫理違反があったのである。さらに翌月には、黄論文の共著者から自身の名前を除外するよう求められた。これを契機として、不正行為事件は大きく変化していった。共同研究者からの不正証言が示され、ソウル大学は正式に調査委員会を組織し、委員会の立ち上げから一カ月を待たず、サイエンス論文のねつ造を結論づけた。

最近の国内主要事例

東京大学分子細胞生物学研究所教授　加藤茂明グループ事件

東京大学分子細胞生物学研究所教授の加藤茂明グループによる論文不正問題で、同大科学研究行動規範委員会は２０１４年12月、33論文でデータねつ造などの不正行為があったとする最終調査報告書を発表した（毎日新聞　２０１４年12月26日）。国際的に優れた研究室としてみなされていた組織の実態は、若手研究者を競わせ、プレッシャーを与え、ストーリイにそった実験データを強要し、成果を求めるものであった。最初の不正論文は１９９９年に発表されたもので、加藤研究室での不正が15年以上の長期にわたり行われていたことを示している。[14] 組織ぐるみの成果主義が隅々まで広がり、あたかも不正論文生産工場と呼べる機関であった。

東邦大学准教授　藤井善隆ねつ造論文事件

東邦大学麻酔科准教授の藤井善隆は、１９９１年から２０１１年の20年間に、１７２編のねつ造論文を海外の主要な麻酔科ジャーナルに発表していた。日本麻酔科学会の調査報告書で特記すべき指摘は、「大多数については研究対象が1例も実在せず、薬剤の投与も行われず、研究自体が全く実施されなかったものである。即ちあたかも小説を書くがごとく、研究アイディアを机上で論文として作成したものである」[15]という一文であった。

ノバルティス社高血圧剤ディオバン事件

ノバルティスファーマに属する統計専門家が、高血圧剤ディオバンの臨床研究のデータ解析に介入し、脳卒中への予防効果の存在をアピールし販売促進に成功した。患者データを提出した5大学へは、総額11億円を超える奨学寄付金が２００６年以降提供されていた。医学部・医科大学と製薬企業をめぐる不適切な関係性が、如実に明らかにされた事例である。

ＳＴＡＰ細胞事件

２０１４年1月末、ＳＴＡＰ細胞の発見は、これまでの教科書を書き替えるものであり、快挙としてメディアや社会に受容された。その1週間後、専門家からネイチャー誌のArticle記事に掲載された電気泳動画像の不自然さがインターネット上のブログなどで指摘され、理研も調査に取り組むと発表した。ただし、科学的な事実の検証を行うと宣言しながらも、「研究成果は揺るがない」と述べていた。そして、２０１４年12月末、外部専門家から形成された調査委員会は、事実関係を整理し不正の存在を明らかにした。[16] こうして華々しく報道された研究論文は、不正論文として撤回され、著者らによる再現実験も失敗に終わった。

研究環境の変化と今後のあり方

第二次世界大戦後の米国において、学術研究体制をめぐる大きな変化をもたらした法律がある。1957年のスプートニクショックの翌年に成立した国家国防教育法（National Defense Education Act）と、1980年のバイ・ドール法（Bayh-Dole）である。

図2-3　世界発の人工衛星スプートニク
出典：National Air and Space Museum

1957年に、ソビエト連邦（ソ連）による人工衛星スプートニク打ち上げ成功のニュースは、冷戦下の米国社会にショックを与えた（図2-3）。衛星打ち上げの技術は、核弾頭を正確に米国内へ命中させる技術であったからである。ジェファーソン主義を国是とし、連邦政府は教育と研究には関与しないという小さな政府を志向してきたが、これを変更した。研究と教育を強化し、ソ連の脅威に打ち勝つことが求められ、結果として研究情報の洪水を1960年代に出現させた。

プライス（D. J. de Solla Price）は[17]、急速な情報爆発の背景に、科学研究への政府関与の増大を指摘し、「助成の見返りのための論文やレポートが必要とされ、情報の洪水が助長されている」と述べた。現在の科学発表が、読者よりも著者のために出版され、助成への義務として位置づけられようとは、予想を超えた事態であった。「オーサーシップについても、真の寄与をもってクレジットすべきであり、研究チームへの徳行として貢献のない仲間を挙げるような例を許してはいけない」ときびしく注意していた。

大学が維持してきた伝統的価値観に、ひび割れが生じてきたのは、1980年のバイ・ドール法の成立を契機とした研究環境の変化があった。連邦政府からの公的資金提供による発明を、大学・非営利団体・中小企業が自分の帰属にすることができ、特許化し、その収入を発明者や研究開発に還元するよう推奨するものであった。産学連携が促進され、大学の市場化が進行し、学術世界へ成果主義が持ち込まれたのである。この研究環境の変化のなかで、科学者の研究不正事件が出現し、大学に対する社会からの信頼にかげりが見え始めた。大学が保持してきた公正さは、大学の心臓であり、信頼性の消失は大学の存在意義を揺るがしかねない。

研究不正への対応は、誰もが不正に関与する可能性があり、その存在を認めることから始まる。ありえないと否定しては、対策は考えられない。不正はあるのが前提であり、感染症として考えることを提案している。感染症の多くは、薬物治療で治せても、環境への働きかけがなければ、感染を繰り返すだろう。研究環境の改善を図り、公衆衛生学的なアプローチで研究不正という感染症と向き合うべきであり、さらに予防対策としての研究倫理教育の展開が求められる。

Ⅱ部　研究不正文献を可視化する

生命科学・医学のデータベースであるPubMedと医中誌Ｗｅｂを用いて研究不正文献を集め、その表題に使われた語の出現頻度数ランクを作成した。さらに、筆頭著者数ランク、掲載誌数ランク、主要誌の変遷など、定量的なデータを示した。科学研究は、発表をもって完結するものであり、発表数データは研究活動を映す鏡とみなすことができる。

3章 ミスコンダクト文献を可視化する

ミスコンダクト文献へのアプローチ

ミスコンダクト文献の特質を、計量文献学的なアプローチから、年次文献数変化、主要誌や主要著者の識別などを行うだけでなく、テキストデータを統計的に分析できる内容分析ソフトであるKH Korder[1]と、視覚化ソフトであるWordleを用いて、ミスコンダクト文献の可視化を試みた。近年、エンターテイメントやマーケティング、語学教育など、さまざまな分野でWordleが利用されるようになった。Wordleとは「単語の出現頻度でテキストサイズに重み付けをし、それをうまく配置することによって視覚効果を狙う手法である」[2]。このWordleは、2009年、ジョナサン・ファインヴァーグ（Jonathan Feinberg）により作成され、そこで描かれる図は「ワードクラウド」と呼ばれている[3]。

本章は、科学研究のミスコンダクトについて記述している文献をPubMedから特定し、表題中の名詞を中心にした語の出現頻度データにもとづき、Wordleを用いて可視化を試みたものである。それによって、表題に使われた言葉を手がかりに、ミスコンダクト文献の中心ワードや特異語の発見、それらの１９８０年代からの経時的な変化などから、研究動向や関心主題の推移を俯瞰的に示すことができるであろう。イギリスの地理学研究の展望記事のなかで、矢野がワードクラウドを使用していた。[4] 現象をより細かく分けることで接近する方法ではないが、大きな流れの存在に気づくこともある。

このワードクラウドを補うために、出現頻度上位9語のランクリストを、年代別と１９８０年から２０１４年に一括してまとめた。同時に、ミスコンダクト領域において、多くの記事を掲載しているキージャーナルを特定し、１９８０年から２０１４年の35年間に、どのような傾向と変化があったのか、年代別の推移を示した。さらに、誰が筆頭著者として、このテーマの主要な執筆者になっているのか、代表的な著者の識別も行った。PubMedを通して得られた３０６０件のミスコンダクト文献の特性を、俯瞰的な視点から検討したものである。

データセットの形成と調査方法

医学・生命科学領域におけるミスコンダクト文献を収集するために、PubMedを用いて検索し３２５３件を得た。検索には、PubMedのシソーラスであるMeSH (Medical Subject Headings) を用い、そのキーワードが主要な内容を示すmajor topicに限定し、軽く触れた文献は対象にしていない。検索式は、scientific misconduct [mesh major topic]（2015年3月14日）である。

3253件のデータを目視すると、公式にミスコンダクトとして研究公正局により認定された事例が、"Findings of research misconduct"の表題で、*NIH Guide for Grants and Contracts*誌に192件が掲載されていた。論題データからミスコンダクトの内容を明らかにする際、この192件は、コメント内容が記載されている訳ではなく、ストップワードと同じ扱いとし、分析対象から除外した。さらに1980年から2014年を調査期間とし、2015年の1件を対象から除き、3060件を分析対象とした。

調査方法は、個人文献管理ソフト（EndNote）を用い、ミスコンダクト文献の書誌レコードをダウンロードした後にエクセルへエクスポートし、テキストデータを統計的に分析できるKH Korderを用いて品詞別の頻度順ランクリストを得た。それらを、Wordleを用いてワードクラウドを作成し可視化を試みた。ワードクラウドでは、頻出語ほど大きく表示をされ、一目で頻出語が識別できるようになっている。

頻出語は、名詞と固有名詞を一緒にしてカウントしている。初語が大文字の語は、自動的に固有名詞に分けられていたため、小文字化して対応した。語の複数形と単数形はともにカウントされ、表記は原則的には単数系で示される。データは、「data」でなく「datum」に変換されており、「Nazi」の表記は「Nazus」などでも出現していたので「Nazi」に統一した。なお、ミスコンダクト文献のタイトルについて、KH Korderによる分析をした結果、全品詞では４１６６語あり、本稿ではそのうちの名詞のみの２３４８語を利用したことになる。

ミスコンダクト文献数の年次変化

ミスコンダクト文献数の年次変化を図３−１に示す。

分析対象とした３０６０件のミスコンダクト文献の出版年変化を見ると、１９９０年以降に論じられるようになっている。MeSHシソーラスに「scientific misconduct」が採用されたのは１９９０年であり、研究公正局の創設は１９９２年になる。米国の科学政策の変動に大きな影響をもたらしたバイ・ドール法は１９８０年に成立し、翌１９８１年にゴア議員を中心に科学

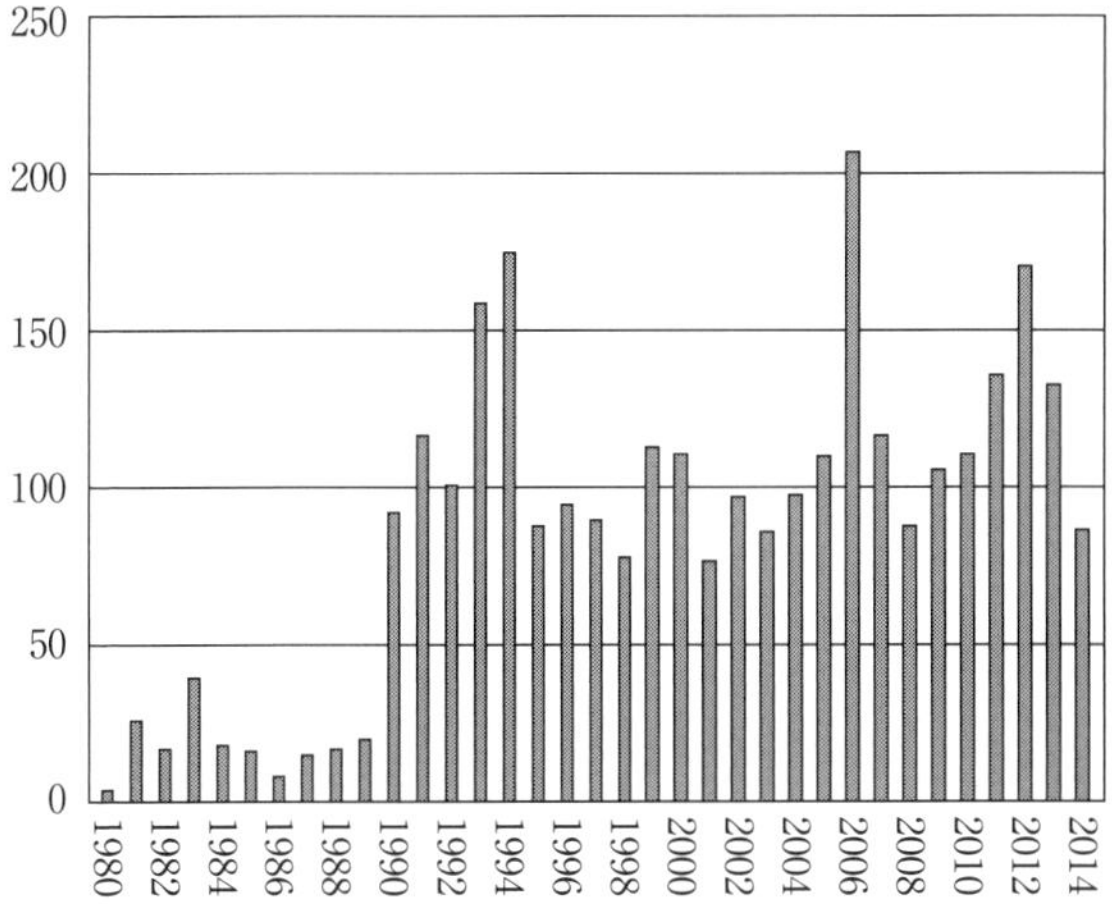

図３−１　ミスコンダクト文献の年次変化、1980−2014
Source：PubMed, 14 March 2015, N=3060

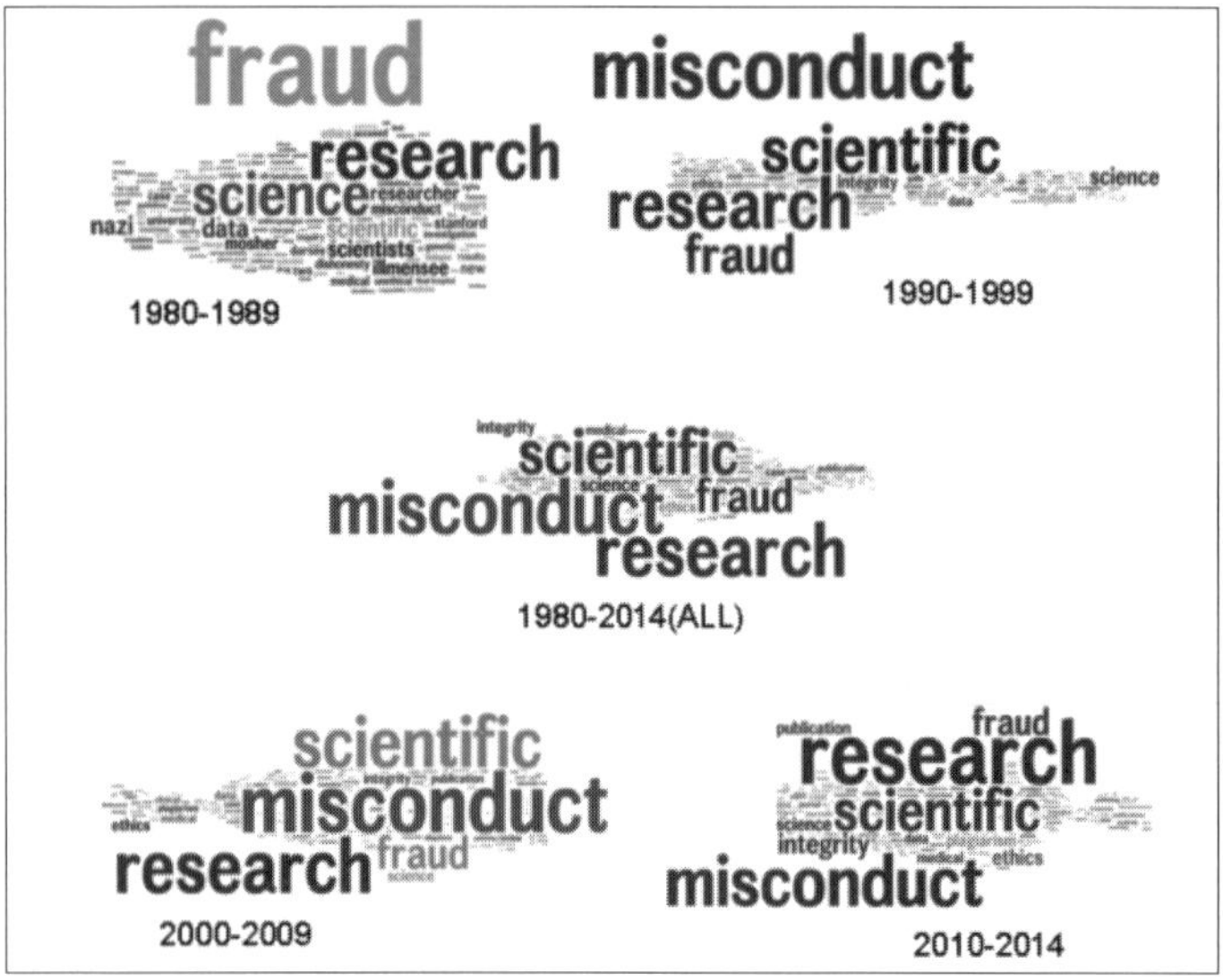

図3−2　ミスコンダクト文献表題の出現語数による視覚化（ワードクラウド）、年代別推移を見る、1980−1989、1990−1999、2000−2009、2010−2014、そして1980−2014（ALL）

のミスコンダクトをテーマにした委員会が組織された。しかし、１９８０年代は研究不正事件やそれに関する議会での公聴会などが開催されたが、ミスコンダクト文献は年25件前後と低調であり、研究公正局が設立された１９９０年代になり、年１００件前後が発表されるようになった。

ワードクラウドから見たミスコンダクト文献

表題の頻出語からミスコンダクト文献の特徴と傾向を見ていく。頻出語のうち、名詞・固有名詞を対象とし、１９８０-１９８９年、１９９０-１９９９年、２０００-２００９年、

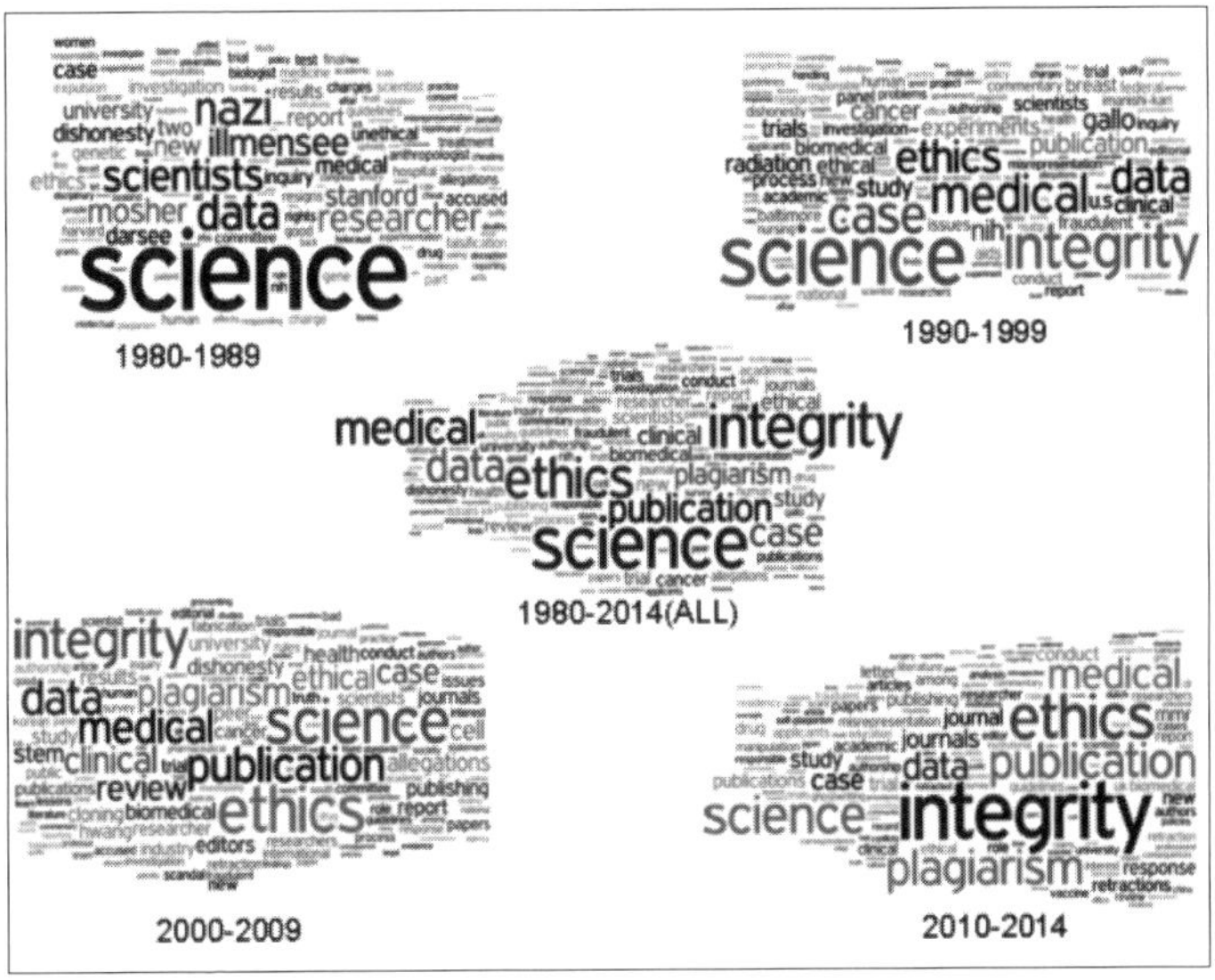

図３－３　ミスコンダクト文献表題の出現語数１－４位を除外したワードクラウド、年代別推移を見る、1980－1989、1990－1999、2000－2009、2010－2014、そして1980－2014（ALL）

２０１０－２０１４年ごとの図と、１９８０－２０１４年をまとめて示した（図３－２）。科学研究のミスコンダクトを示す用語として、初期は「scientific dishonesty」という言葉が、倫理関連会議で北欧の研究者を中心に推奨されていた（図３－３）。法律用語である「fraud（詐欺）」はよく使われていたが、礼儀違反などの多彩な内容を含むため研究不正を示す言葉としては適切でないという主張などがあり、より広い意味をもつ「misconduct」に変わっていった。そして、婉曲的な表現として「scientific integrity」を位置づけていた(5)。ワードクラウドは、このように研究不正を語る際の言語表現の変化を俯瞰することができる。図3-3は、より細部の変化を見るために、出現頻度で上位4語を除外して図示したものである。さらに、上位9位の頻出語を年代別に示すことで（表3-1）、「integrity」という言葉の普及と、「publication ethics」の定着が示され、さらに「plagiarism」への関心の大きさが現れている。なお、「integrity」が「Office of Research Integrity」という機関名として出現し影響はしているが、171件ある「integrity」のうち該当する件数は10件でしかない。特異的な言葉としては、1980年代のクラウド図に示された科学研究の不正としてナチスによる生体解剖事件や、スタンフォード大学で起きたモシャー（Mosher）事件など、当時は総合科学誌サイエンスで話題となっていた。

表題に出現する頻出語から見た特徴と傾向を、俯瞰的にまとめると、研究不正を示す言葉として、「fraud」から「misconduct」へと主役が移り、「integrity」が考えるべき言葉として明瞭に姿を現してきた。「Publication」と「ethic」は、2000年以降に出現数を伸ばしてきている。

ミスコンダクト領域のキージャーナル

ミスコンダクト領域のキーとなる学術誌を明らかにするために、個人文献管理ソフトであるEndNoteにダウンロードしジャーナルをカウントした。1980-1989年、1990-1999年、2000-2009年、2010-2014年ごとと、1980-2014年をまとめて示した（表3-2）。1980年から1989年までの順位を見ると、ポピュラーサイエンス誌、総合科学誌、総合医学誌、そして新聞などであった。１９９０年から１９９９年は、総合誌を中心としたなかに専門誌がリストされるようになり、*Science and Engineering Ethics*（１９９５年創刊）や*Accountability Research*（１９８９年創刊）など、この分野の専門誌として刊行されるようになった。全米医科大学協会の*Academic Medicine*誌も、ミスコンダクトへ関心を向けていた。この領域のトップジャーナルはネイチャーであり、１９８０年から２０１４年の全調査期間で４０５件と、2位のサイエンス誌（２７１件）、3位*BMJ*誌（２１５件）を引き離している。なお、英国医師会の*BMJ*誌は、スティーヴン・ロック（１９７５-１９９１年委員長在任）とリチャード・スミス（１９９１-２００４年委員長在任）の委員長時代から、倫理への強い問題意識をもって編集され、２０１０年から２０１４年には*BMJ*が文献数82で第1位に上昇している。

筆頭著者ランクの変化と掲載誌から、キーパーソンを識別する

ミスコンダクト文献の筆頭著者からキーパーソンを明らかにするために、年代別のランクリストを作成し（表3-3）、そしてさらに１９８０年から２０１４年までをまとめたランクリストも作成した（表3-4）。この表3-4にあげられた10名については、発表誌も示した。発表誌を調査し主な筆頭著者の所属を調べていくと、編集者、ジャーナリスト、コレスポンデント、雑誌専属ライターといった人々から形成されており、大学に所属する研究者は、上位に入っていない実態が判明

年（1980–2014）順位

2010–2014年	1980–2014年	総語数 11503	全体に対する構成比
research	misconduct	746	6.5％
misconduct	research	710	6.2％
fraud	fraud	461	4.0％
integrity	science	212	1.8％
publication	integrity	171	1.5％
ethic	ethic	157	1.4％
science	publication	148	1.3％
plagiarism	case	129	1.1％
journal	data	128	1.1％

N=3060

年代別順位と全年（1980–2014）順位

2010–2014年		1980–2014年	
誌名	文献数	誌名	文献数
BMJ	82	Nature	405
Nature	72	Science	271
Science	38	BMJ	215
Sci Eng Ethics	21	Lancet	108
Account Res	18	Sci Eng Ethics	94
Indian J Med Ethics	13	N Y Times Web	92
J R Soc Med	12	Account Res	59
Lancet	11	New Sci	57
Anesth Analg	10	JAMA	45
Presse Med	10	Lakartidningen	41

N=3060

代別順位

2010–2014年	
著者名	文献数
C. Dyer	18
D. Cyranoski	8
E. S. Reich	5
E. Wager	5
O. Dyer	5
A. Abbott	4
B. Deer	4
D. Normile	4
F. S. Kirac	4
Torjesen et 4	4

N=306

表3-1　ミスコンダクト文献の表題に頻出する上位9位の名詞：年代別順位と全

順位	1980−1989年	1990−1999年	2000−2009年
1	fraud	misconduct	misconduct
2	research	research	research
3	science	fraud	fraud
4	scientist	science	ethic
5	data	integrity	publication
6	researcher	case	science
7	illmensee	data	integrity
8	nazi	ethic	data
9	university	trial	case/plagiarism

Source：PubMed, 14 March 2015, MeSH Major Topic; scientific misconduct,

表3-2　ミスコンダクト文献を多く載せている学術誌（新聞を含む）上位10位：

順位	1980-1989年 誌名	文献数	1990−1999年 誌名	文献数	2000−2009年 誌名	文献数
1	New Sci	31	Nature	170	Nature	143
2	Science	28	Science	136	BMJ	70
3	Nature	20	N Y Times Web	65	Science	69
4	IRB	9	BMJ	60	Lancet	48
5	Sci News	9	JAMA	42	Sci Eng Ethics	41
6	N Y Times Web	8	Lancet	42	Lakartidningen	21
7	Washington Post	8	Sci Eng Ethics	32	N Y Times Web	19
8	Lancet	7	Account Res	25	Tidsskr Nor Laegeforen	19
9	Med World News	5	Acad Med	24	Account Res	16
10	Minerva et 2	5	N Engl J Med	17	Nat Med	16

Source：PubMed, 14 March 2015, MeSH Major Topic; scientific misconduct,

表3-3　ミスコンダクトについて執筆している筆頭著者の文献数上位10位：年

順位	1980-1989年 著者名	文献数	1990−1999年 著者名	文献数	2000−2009年 著者名	文献数
1	M. Sun	8	C. Anderson	32	R. Dalton	13
2	D. MacKenzie	5	P. J. Hilts	22	D. Cyranoski	12
3	D. Dickson	4	D. P. Hamilton	20	D. M. Maloney	12
4	S. Budiansky	4	R. Dalton	17	A. Abbott	9
5	B. Dixon	3	B. J. Culliton	15	C. White	8
6	B. J. Culliton	3	J. Kaiser	14	O. Dyer	7
7	C. Levine	3	D. Butler	11	G. Brumfiel	6
8	W. Herbert	3	C. Marwick	10	C. Dyer	5
9	W. J. Broad	3	A. Abbott	9	D. Kennedy	5
10	Wade N et 9	2	J. Palca	9	D. Normile et 4	5

Source：PubMed, 14 March 2015, MeSH Major Topic; scientific misconduct,

表3-4　筆頭著者上位10名の発表誌（1980–2014）

順位	著者名	文献数	発表誌
1	C. Anderson	32	Nature(20), Science(12)
2	R. Dalton	30	Nature(30)
3	C. Dyer	26	BMJ(26)
4	A. Abbott	24	Nature(23)
5	P. J. Hilts	24	New York Times(24)
6	D. Cyranoski	21	Nature(19)
7	D. P. Hamilton	20	Science(20)
8	B. J. Culliton	18	Nature(9), Science(9)
9	D. M. Maloney	16	Hum Res Rep(16)
10	O. Dyer	16	BMJ(16)

Source：PubMed, 14 March 2015, MeSH Major; scientific misconduct, N=3060

した。ミスコンダクトをテーマとして研究に取り組む大学研究者が少ないことを示している。

なお、その他の品詞データのうち、疑問詞の頻出ランクで興味深い変化が見いだされた。全対象期間のうち、１９８０年からの10年間、１９９０年からの10年、２０００年からの10年、そして２０１０年から２０１４年の４グループで、トップの疑問詞が１９８０年から２００９年までの３グループでは「what」であったが、２０１０年からの最新グループでは「how」が第1位へと変化していた。ミスコンダクトを考える視点が変化している様を示すものであろう。

Wordleは、開発者のファインヴァーグが、述べているように、楽しく学べるおもちゃ（toy）とみなすことができる。同時にシンプルではあるが、可視化を通して文章表現や表データでは示されなかった気づきを得られる。

謝辞：本章をまとめるうえで、桜美林大学の山崎慎一氏からご協力をいただきました。感謝申しあげます。

4章 論文発表から見たミスコンダクト

研究プロジェクトの監視

１９９２年に研究公正局が、保健福祉省のもとに創設され、生命科学領域の研究プロジェクトの監視が行われるようになった。科学研究のミスコンダクトは、人々の生活の質に影響を与えるものであり、一般の人々の関心の的となり、１９８０年代には議会の公聴会で討議された。科学界はミスコンダクトと正面から向き合い、問題の所在を明らかにし、健全性を回復させなければならない。そのためにも、多彩なアプローチによる研究活動が求められる。これまで、研究の初期段階において、テーマに即したレビュー論文を通して、研究の方向性や問題点を理解して取り組んできた。(1)具体的な初期の論稿は、２０００年に開催されたORI Research Conference on Research Integrity (Bethesda, MD) で参加者へ事前に送られた "Assessing the Integrity of Publicly Founded Research" (By N. Steneck) であろう。筆者と同様に、会議参加者は、１３６の文献に言及したステネック（N. Steneck）のレビュー論文に目を通して参加したに違いない。

論文発表からミスコンダクト研究を展望する

本章では、PubMedのシソーラスであるMeSHのキーワードを用いてミスコンダクト文献を特定し、その年次発表数の推移などから研究活動の変化を見ていく。また、論文発表数に着目し、ミスコンダクト研究の現状を展望するものである。

図4-1にミスコンダクト文献の発表数の推移を示した。1990年以降の急上昇と、1994年と2006年の二度のピークが識別できる。1994年のピークは、1992年の研究公正局の創設と、1994年にシカ

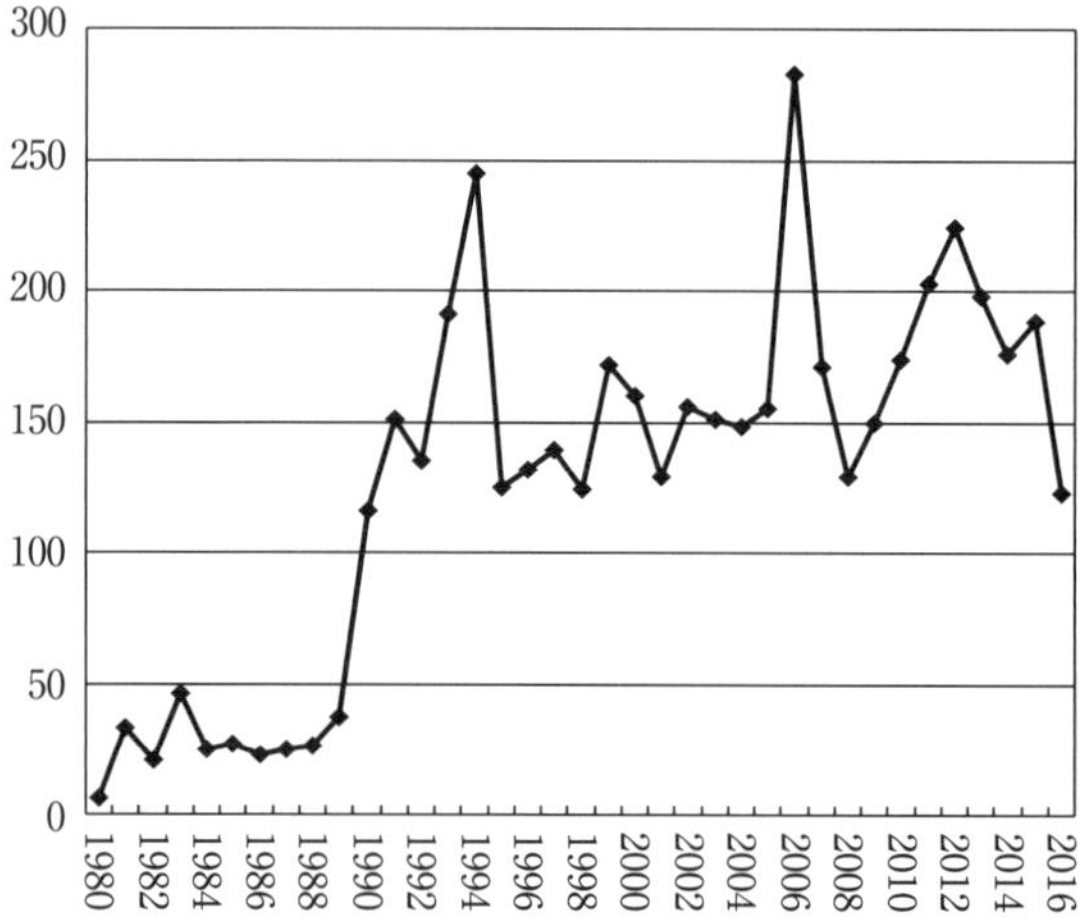

図4-1 scientific misconduct文献の発表数変化、1980-2016 (N=4717)
Source：PubMed, 19 Aug 2017, MeSHにて検索

ゴ・トリビューン紙のクルードソン記者によりスクープされた乳癌の大規模臨床試験を巡るデータねつ造事件が影響したものである。２００６年のピークは、前年に起きた韓国のＥＳ細胞ねつ造事件を反映したものである。さらに、ミスコンダクト文献に多く含まれる20の主要なMeSH用語を明らかにし、それらの年次発表数の変化と特色を検討する計量文献学的な接近も試みた。

ミスコンダクト文献とは、PubMedから検索した「scientific misconduct」のMeSHシソーラスをもつ文献集合であり、２０１７年８月19日時点で４８０５件が得られた。そして、このミスコンダクト文献に共通して出現する「scientific misconduct」を除いたシソーラス用語を特定し、いかなる視点からミスコンダクトのテーマが検討されているかを明らかにしてみたい。MeSH用語の選択は、２００２年に発表した「不正行為と発表倫理に関する記事分析」のMeSHキーワードランキングの上位語を中心に20語を選んだ。(2) ミスコンダクト文献の鳥瞰図を示し、「Scientific misconduct」と共出現するMeSHキーワードから、ミスコンダクト研究の今後の動向を考える。

研究公正局の企画によるミスコンダクト研究会議

ミスコンダクト研究を促進するために、第一回のORI Research Conference on Research Integrityが２０００年に開催されたが、その参加者リストから、研究に関心をもったグループや集団を特定してみた。今後のミスコンダクト研究を展望するために、有益である。

表4-1　所属機関から見た研究会議（2000）参加者像

所属	参加者数	構成比
大学（管理運営）	47	21.1％
大学（人文・社会・理工）	41	18.4％
大学（ヘルス・サイエンス）	35	15.7％
大学名のみ	28	12.6％
学協会、研究機関	22	9.9％
政府機関（NIH、NSF、NAS）	21	9.4％
大学院生（学位申請者、ポスドク）	10	4.5％
編集者	5	2.2％
その他	14	6.3％
合計	223	100％

ORI Research Conference on Research Integrity 2000. 会議資料：参加者名簿をもとに作成した

２０００年11月に、国立衛生研究所に近いベセスダ（メリーランド州）で、第一回のORI Research Conference on Research Integrityが、研究公正局の主催で開催された。研究公正をめぐる研究活動を活性化させるため、成果を蓄積し交流を促進することが目的であった。会議の企画運営は、ミシガン大学の歴史学教授ステネックと、研究公正局のプログラムディレクターであったマリー・シーッ（M.D.Scheetz）との共同議長（co-chaired）によりなされた。当初、１００名前後の参加者を想定した会場などが準備されていたが、予想を超える申込みがあり最終的に２２３名の参加者となった。この翌月には、連邦政府により不正行為の定義が公表されることが伝えられており、長年の定義論争に決着がつくと期待されていたからであろう。参加者の所属国を見ると、米国が２１１名、英国３名、カナダ３名、ドイツ２名、そしてクロアチア、デンマーク、日本、ブラジルが各１名と、95％が開催国米国からの参加であった。しかし、参加者リストから彼らの所属を調べると、実にさまざまな分野から関心がもたれていたことがうかがえる（表4-1）。

参加者の72％が大学人により占められ、学長やコンプライアンス担当理事、助成担当理事などの、経営管理を責務とする人々が最多の47名に上っていた。医学、歯学、薬学、看護学、公衆衛生学などのヘルス・サイエンス領域からは、35名（15・7％）の参加があったが、人文・社会科学、理工学などの周辺領域からの関心も高く、41名（18・4％）が存在した。倫理学は当然としても、社会学や教育学などからも研究対象としてみなされていた。また、大学院生、学位申請者、ポスドクなどの若手研究者も関心を示していた。学協会や政府機関からの参加もあり、助成機関である国立衛生研究所、全米科学財団などからも参加していた。

共出現キーワードから見た特性

「scientific misconduct」（MeSH）で検索されたミスコンダクト文献が、どのような視点から論じられているかを、共出現する20の主要なMeSH用語から示してみた（表4-2）。また、ミスコンダクト文献に共出現する用語の多い順にならべ、「生命倫理、研究倫理、発表倫理、専門職倫理、社会倫理、機関」の系列に分けてみた。さらに、いくつかのグループにまとめ、年次（1990-2016）文献数変化を示した。

表4-2 scientific misconductと共出現の多いMeSHキーワード文献数ランキング

順位	主題	文献数	構成比	系列
1	human experimentation	533	7.6%	生命倫理
2	research ethics	483	6.9%	研究倫理
3	writing	481	6.9%	発表倫理
4	Office of Research Integrity	474	6.8%	機関
5	professional ethics	456	6.5%	専門職倫理
6	academies and institutes	440	6.3%	機関
7	universities	434	6.2%	機関
8	authorship	423	6.0%	発表倫理
9	plagiarism	417	6.0%	発表倫理
10	conflict of interest	392	5.6%	研究倫埋
11	financial support	347	5.0%	資金
12	research peer review	327	4.7%	発表倫理
13	National Institutes of Health	322	4.6%	機関
14	informed consent	290	4.1%	生命倫理
15	retraction of publication as topic	282	4.0%	発表倫理
16	public policy	280	4.0%	社会倫理
17	social responsibility	178	2.5%	社会倫理
18	international cooperation	166	2.4%	国際協力
19	duplicate publication as topic	159	2.3%	発表倫理
20	truth disclosure	118	1.7%	社会倫理

Source：PubMed, 19 Aug 2017検索、構成比は文献数/7002

ミスコンダクト文献はいかなる視点から論じられてきたか

表4-2で示された全体を見ると、人体実験（human experimentation）をテーマにした文献が533件と構成比で7・6%を占めていた。2位は「research ethics」、3位「writing」、4位「Office of Research Integrity」、5位「professional ethics」と続く。発表倫理では、総括としての「writing」を除くと、「authorship」（423件）」、「plagiarism」（417件）、「research peer review（327

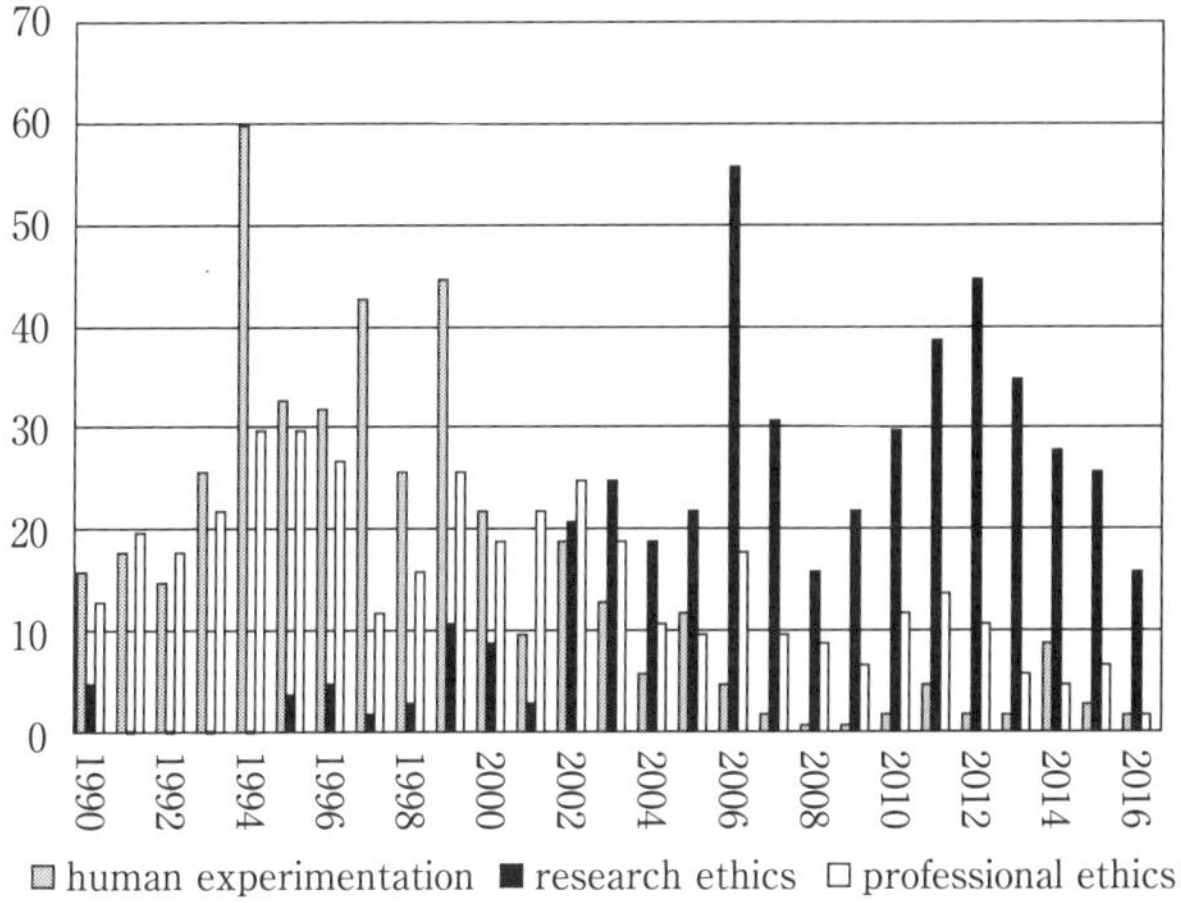

図4-2　human experimentation (N=430), research ethics (N=473), professional ethics (N=421) 文献の発表数変化、1990-2016
Source：PubMed, 19 Aug 2017, MeSHにて検索

件）」、「retraction of publications」（２８２件）そして「duplicate publication as topic」（１５９件）などが発表倫理の主要なトピックスになる。機関名は、プロジェクトを監視し啓蒙活動を行う4位の研究公正局に続き、「academies and institutes」（6位）、「universities」（7位）、「National Institutes of Health」（13位）などが、あげられていた。研究の行われている場所と助成機関である。

「conflict of interest」（10位）と「financial support」（11位）は、資金支援とともに利益相反への関心の所在も示している。また、社会倫理で系列化した「public policy」「social responsibility」「truth disclosure」などが共出現しており、ミスコンダクトを幅広く検討し問いかけている。

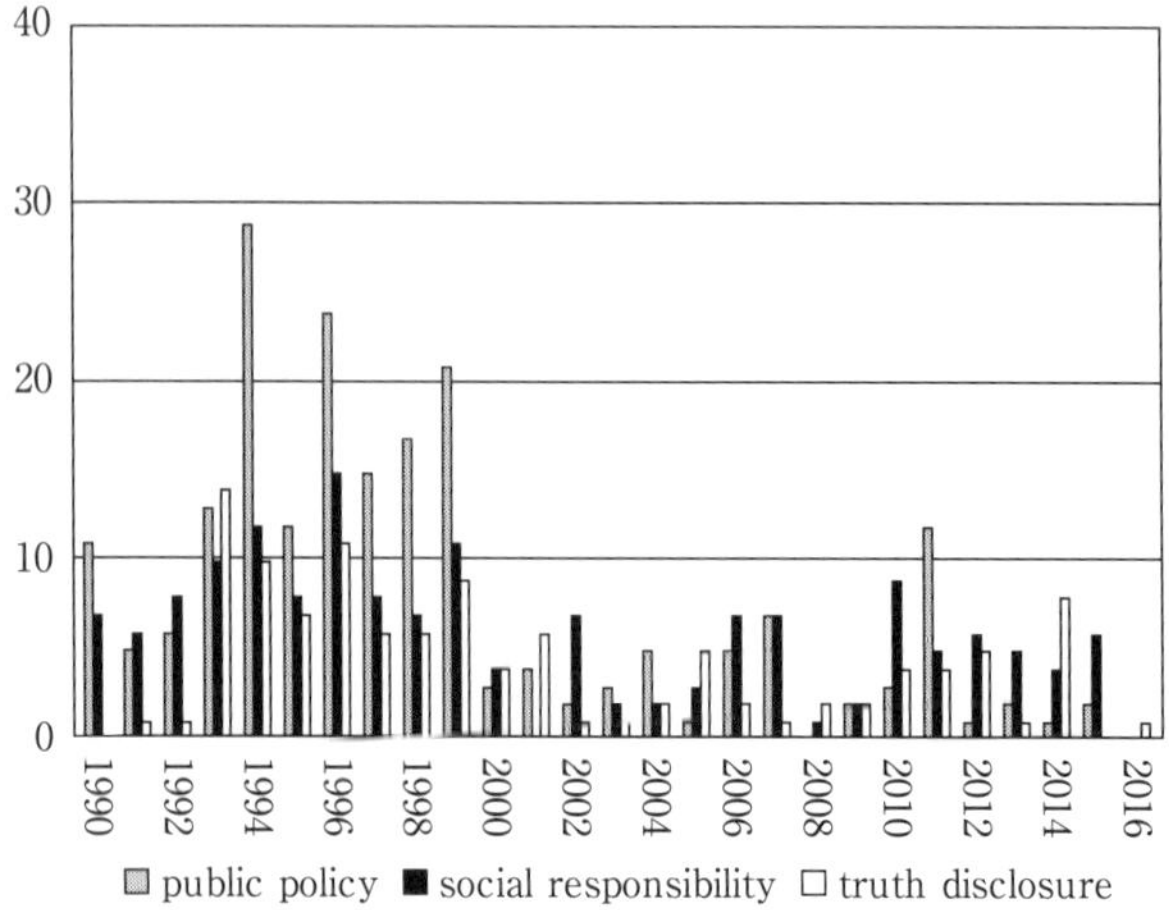

図4-3　社会倫理関連領域（public policy; N=206, social responsibility; N=162, truth disclosure; N=114）の発表数変化、1990-2016
Source：PubMed, 19 Aug 2017, MeSHにて検索

共出現上位用語から見た年次変化

専門職倫理と研究倫理の年次変化に着目すると、専門職倫理は１９９０年代に多く論じられ、一方研究倫理は２０００年代から活発化していた。専門職倫理から研究倫理へと焦点が移動しているのではないだろうか（図4-2）。

ミスコンダクトと人体実験に言及した文献数のピークが２００４年にあり、放射線被爆の影響などが論じられていた。すべての医学研究での基本原則として、被験者保護があり、ヘルシンキ宣言として展開されている。ニューヨーク・タイムズのウェブ版でも、65件がこの問題への記事を掲載していた。

社会倫理関連領域

１９９２年の研究公正局の創設後、社会倫

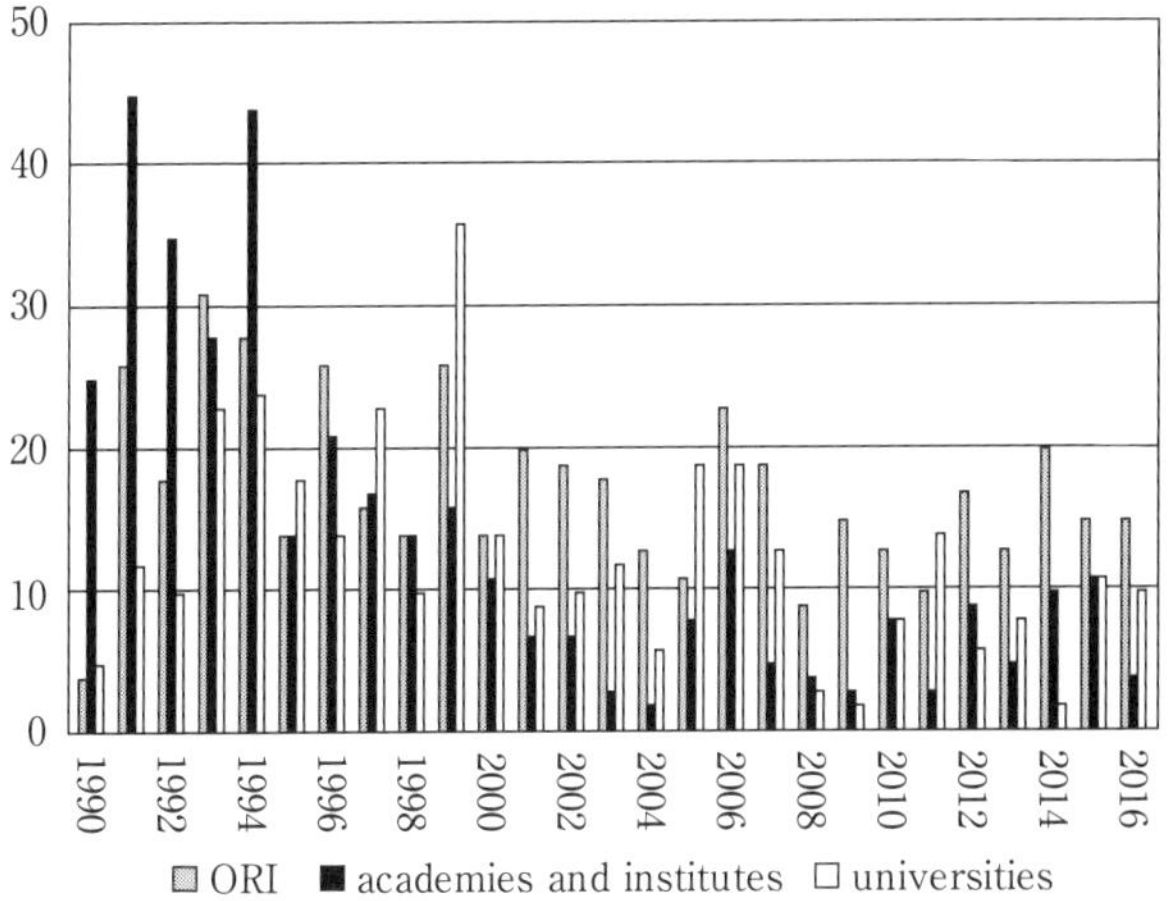

図4-4　Office of Research Integrity; N=467, academies and institutes; N=372, universities; N=341、関連機関についての発表数変化、1990-2016
Source：PubMed, 19 Aug 2017, MeSHにて検索

理関連のキーワードをもつ文献が発表されていた。ミスコンダクトについて、公共政策（public policy）の視点からも論じられていた（図4-3）。ミスコンダクトを広い文脈で捉えるべきであり、個人の問題として位置づけてはならない。

関連機関についての発表数変化

ミスコンダクトと関係する機関といえば、第一に研究公正局が想起され、1992年の設立前後には、活発に論じられた。この研究公正局が監視対象とする研究プログラムは、国立衛生研究所から助成を受けた研究機関（academies and institutes）と大学（universities）で行われたものである。米国における、医学・生命科学関係の公的な助成は、国立衛生研究所を中心に管理され、米国の生命科学研

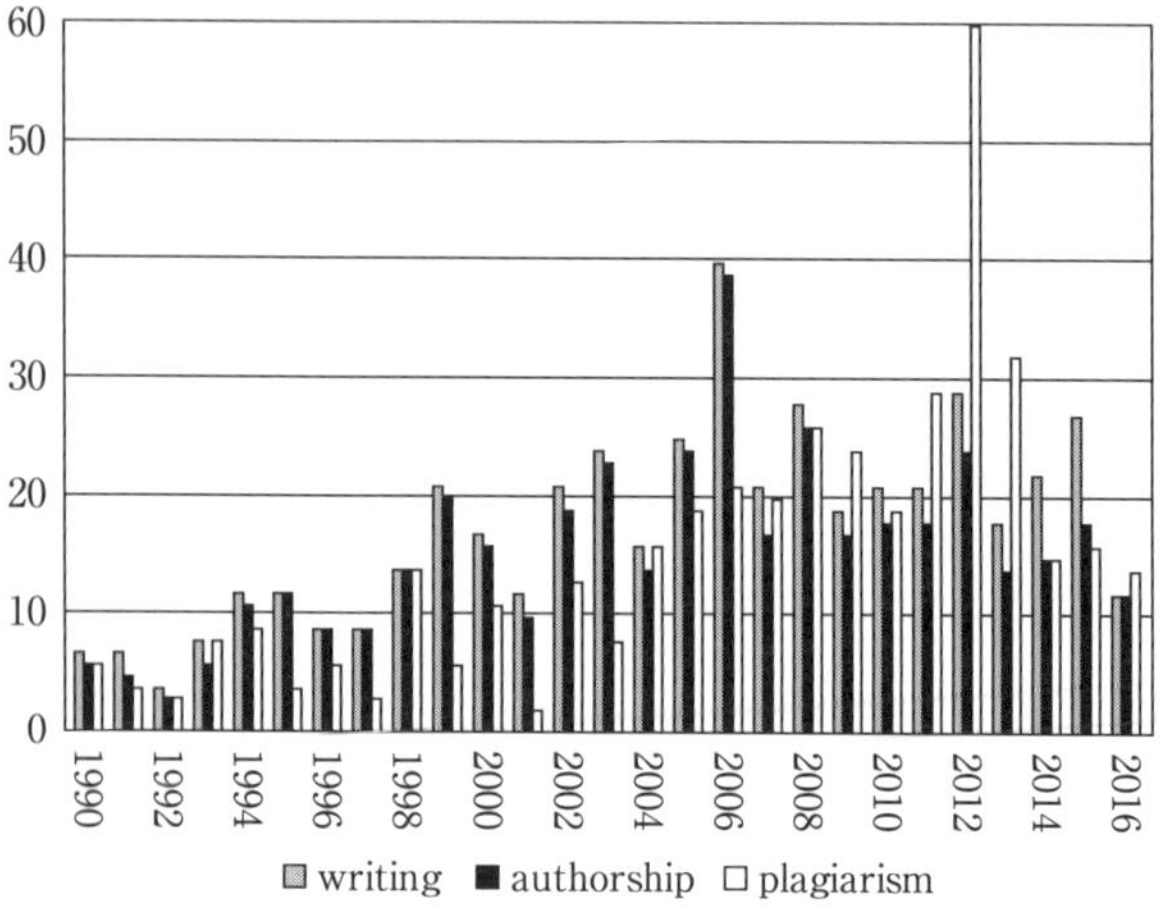

図4-5　発表倫理A（writing; N=476, authorship; N=408, plagiarism; N=408）の発表数変化、1990−2016
Source：PubMed, 19 Aug 2017, MeSHにて検索

究を支えている。

この3機関に関する文献数の変化から見ると、1990年代の前半に学会と研究機関で主に論じられ、後半になると大学との関係で論じられてきた（図4-4）。

発表倫理A（writing, authorship, plagiarism）

発表なくして科学研究活動は完結しない。発表倫理（Publication ethics）は、自然科学だけでなく人文・社会科学領域にも応用でき、さらに研究プロセス全体の公正さをチェックできる。ピアレビューシステムやオーサーシップなど、ミスコンダクトへの対応という視点から、再構築されるべきである。

発表倫理に関係する用語が、多く存在したので、二つの図に分割して示した。「authorship」と「plagiarism（盗用）」を比較すると、20

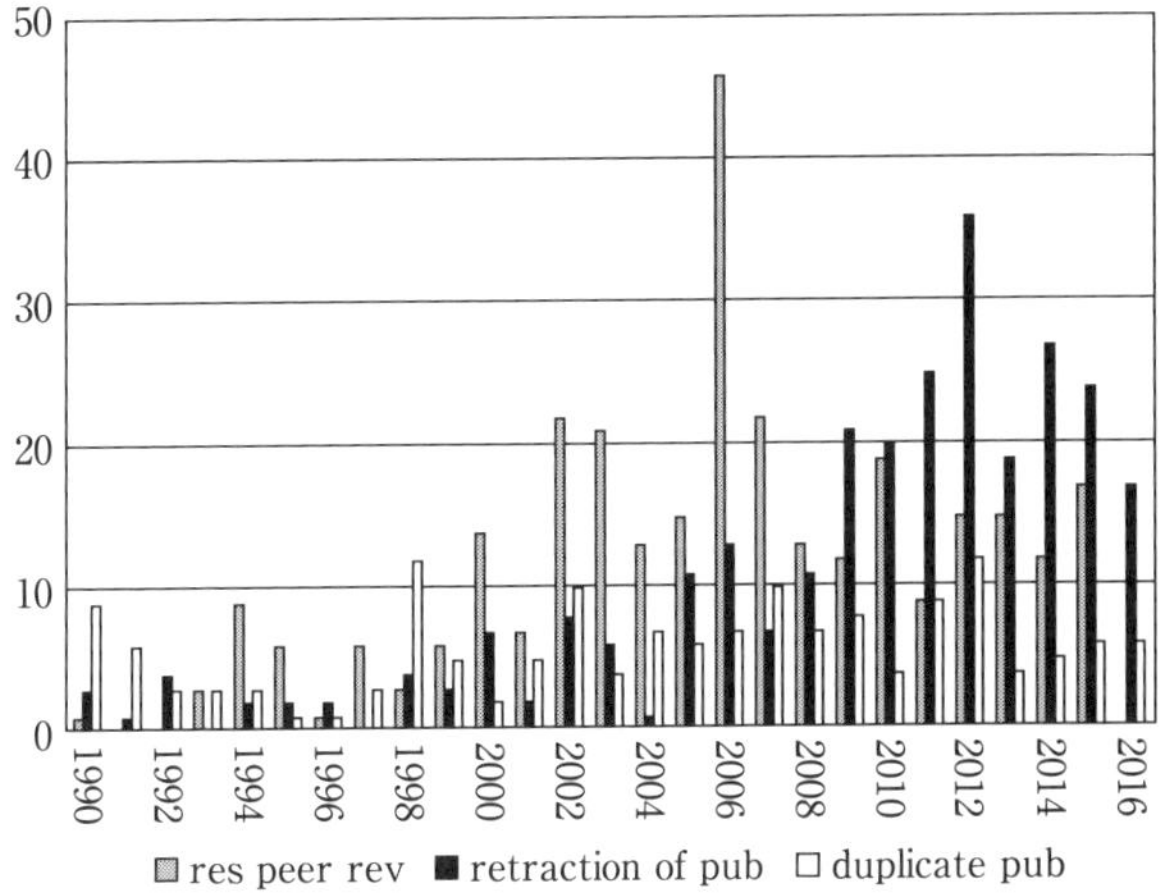

図4-6　発表倫理B（research peer review; N=307, retraction of publication as topic: N=276, duplicate publication as topic; N=15）関連文献の発表数変化、1999–2016　Source：PubMed, 19 Aug 2017, MeSHにて検索

12年の「plagiarism」文献のピークを中心に、2009年以後、活発に取り上げられるようになった（図4-5）。

発表倫理B（research peer review, retraction of publication, duplicate publication）

撤回の問題は、「retraction of publication as topic」のキーワードで識別され、2009年以後、科学界の話題となっている（図4-6）。特に、2012年には、東邦大学麻酔科准教授によるねつ造論文事件が起き、日本麻酔科学会による調査[3]で、172論文を撤回する事態になった。同学会で編集された「医薬品ガイドライン」には藤井による不正論文が引用されていた。ガイドラインの信頼性に疑問が生じることになる。学術誌の査読システムを意味しているリサーチ・ピアレビューは、1

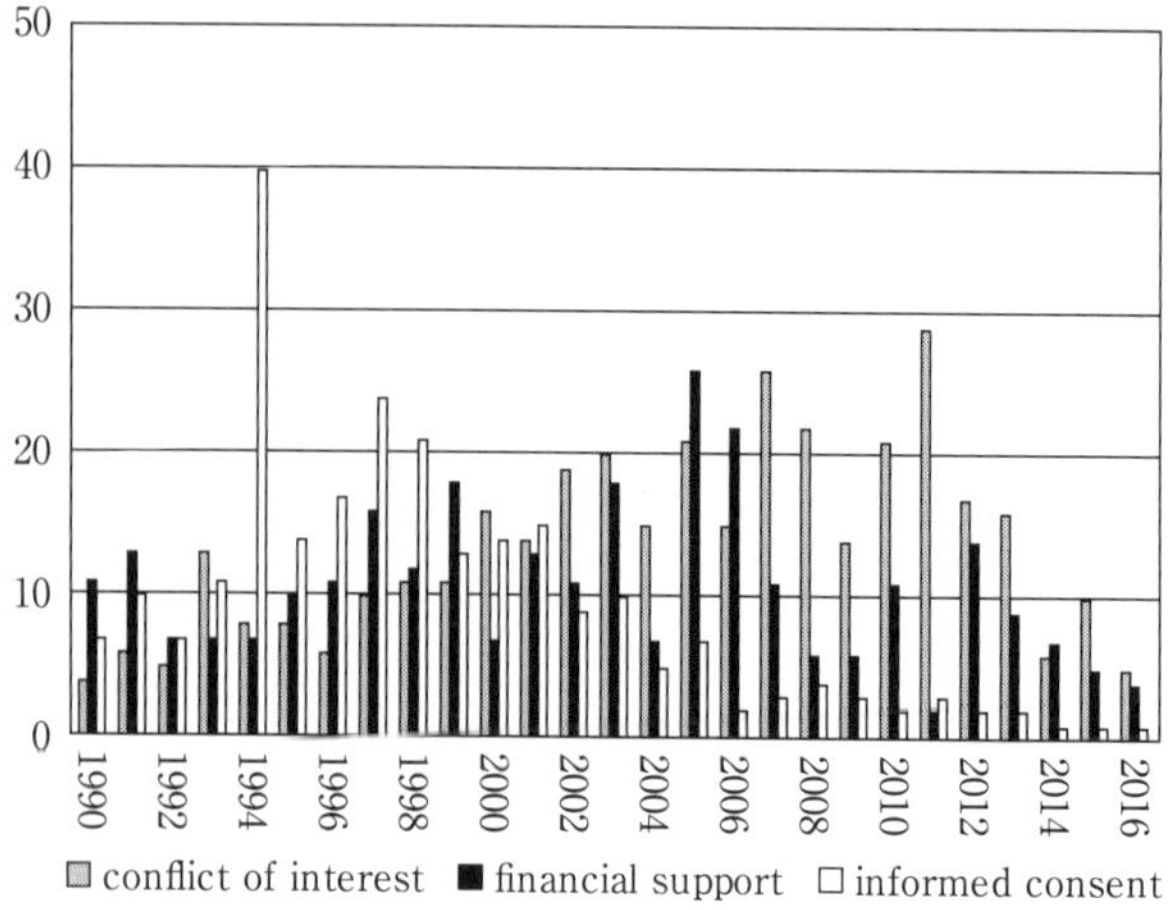

図4-7　conflict of interest; N=368, financial support; N=291, informed consent; N=248、文献の発表数変化、1990-2016
Source：PubMed, 19 Aug 2017, MeSHにて検索

999年の*BMJ*誌のスミス委員長(4)により提唱されたオープン・ピアレビューを再考の手がかりとしている。

他のMeSHの年次変化（conflict of interest, financial support, informed consent）

利益相反（conflict of interest）は、産学連携が進展するなかで避けられない課題である。2000年代以後、利益相反への関心が増大している一方で、「informed consent」は減少傾向にある（図4-7）。

図4-7を見ると、1994年に「informed consent」のピークがある。該当する40文献を見ていくと、radiation関連のものが多数を占めた。冷戦下、被験者への十分な説明と同意(informed consent）無しに、患者、小児、兵士などに放射線被爆の実験調査がなされていた。

この事実は米国社会を揺るがした。

１９９７年には、クリントン大統領により、タスキーギ梅毒実験への謝罪が表明された。[5] これは人体実験が戦後においても行われてきたことを示すものであった。梅毒治療のための抗生物質が発見され使用できるにもかかわらず、治療せずに梅毒患者の長期的な変化の内容を調査した。この人体実験は、アラバマ州タスキーギの公衆衛生庁により主導されていた。

5章　医中誌Webから見た国内ミスコンダクト文献の分析

いかに論じられているか

医学生命科学領域において、ミスコンダクトは、いかなる背景のもとで、どのようなテーマとともに論じられているのだろうか。国内のミスコンダクト文献を特定するために、医中誌Webを用いて、調査時点（2017年9月14日）までに蓄積された349件の「科学上の不正行為」（医中誌シソーラス）の文献を検索し、これらの文献レコードを、エクセルに取り込み整理した。年次発表数変化、発表数による著者ランキング、発表誌ランキング、記事種から見た特徴などを検討した。そして、349文献に付与されたシソーラス「科学上の不正行為」を除外し、その他の共出現するシソーラスの分析を行った。また、ミスコンダクトをめぐる発表傾向やテーマ展開において、海外との視点の違いを明らかにするために、PubMedを用いた調査結果[1]との比較も試みた。

今回、調査に使用した医中誌『医学用語シソーラス』は、PubMedのシソーラスであるMeSHに準拠したシソーラスとして存在している。1999年の第4版で「科学の不正行為」として登録され、2015年に「科学上の不正行為」に変更されている。

ミスコンダクト文献数

発表数データをもとに発表動向を捉えるアプローチは、計量文献学（bibliometrics）として展開されている。科学研究は発表をもって完結するものであり、発表数データは研究活動を写す鏡とみなすことができる。

医中誌シソーラスである「科学上の不正行為」を用いて検索した349件のミスコンダクト文献を対象に、発行年による年次変化を見てみよう。2002年から2016年までの337件を図示した（図5-1）。医中誌Webで検索さ

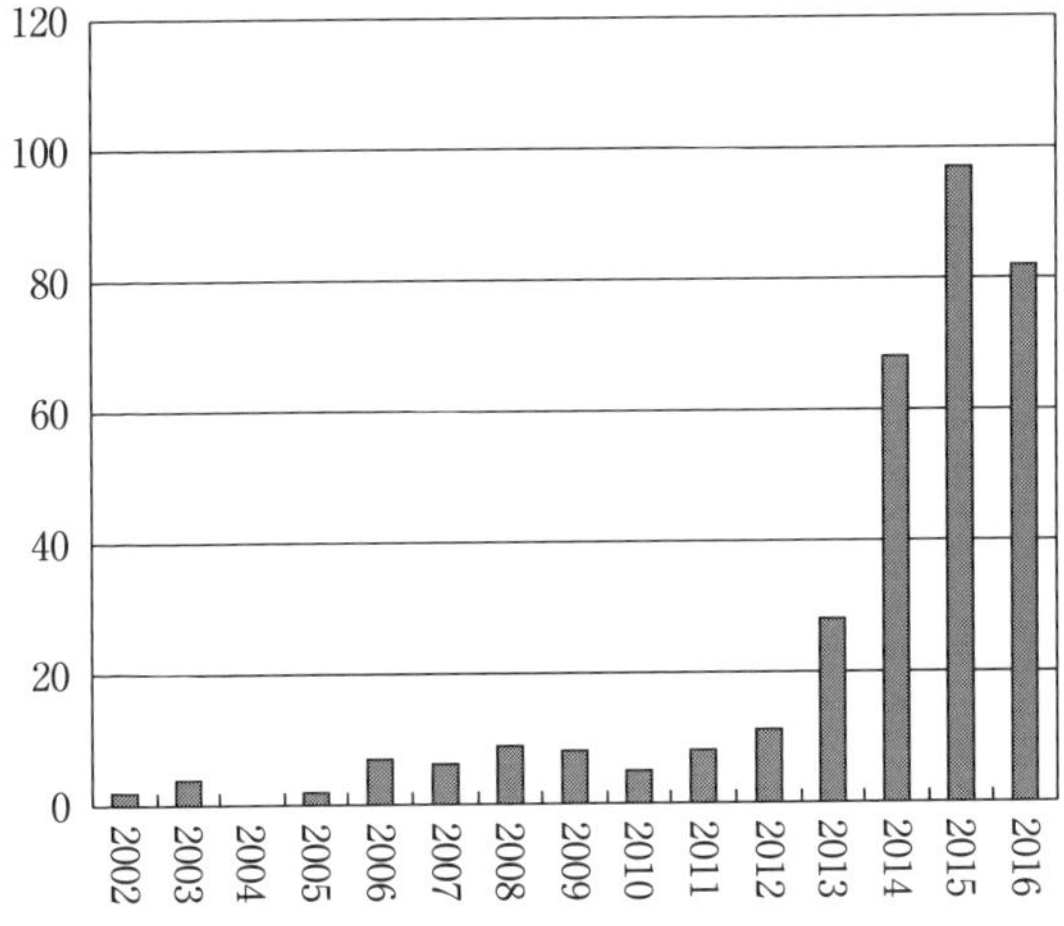

図5-1　ミスコンダクト国内文献（科学上の不正行為）の年次変化
Source：医中誌Web, 14 Sept 2017, 2002-2016, N=337

れた最初のミスコンダクト文献は、２００２年の2件であり、その後10年を過ぎてから収録文献数が急激に上昇した。２００４年には、日本の生命科学領域における代表的な研究機関である大阪大学と理化学研究所で研究不正事件が起き、医学研究への信頼性に疑念を生じさせた。また、研究環境の劣化や過度な成果主義の存在が現れてきた。２００５年には韓国でＥＳ細胞捏造事件が発生した。その後にも東邦大学医学部の藤井事件、高血圧薬ディオバンをめぐる研究不正[2]といくつもの事件が続き、２０１４年の理研のＳＴＡＰ細胞ねつ造事件が一つのピークになる。米国の研究公正局が開設されたのは１９９２年であることを考えると、日本の研究不正への取り組みの遅さが顕著である。

筆頭著者ランキング

この領域での、中心的な著者を識別するために、発表数による筆頭著者ランキングリストを作成した（表5-1）。本稿では著者は筆頭著者をもってカウントしており、2番目以降の共著者は除いている。1位は、35件の発表数を示し、ミスコンダクト文献の10％を生産していた。2位は、医学統計研究者である大橋と、ディオバン（valsartan）研究不正事件の解明に寄与した桑島が、11件の同数を示していた。この事件は高血圧専門研究者である京都大学の由井芳樹により、イギリスの総合医学誌ランセットへ批判論文が投稿され、ディオバンをめぐる日本の臨床試験への疑問が明らかにされた。

なお、表5-1にあげた20名の著者により、ミスコンダクト文献の33%が発表されていた。また、ランキング上位10名の著者では、ミスコンダクト文献の23%が生み出されていた。

発表誌ランキング

医中誌Webは、口頭やポスターによる学会発表を含んでおり、今回の発表誌ランキングにも、そのことが示されている（表5-2）。全体を見ると、学術研究的な情報源というよりも、解説誌や広報誌、そして情報学系の雑誌で取り上げ

表5-1　筆頭著者ランキング

順位	著者名	所属	発表数
1	山崎茂明	愛知淑徳大学	35
2	大橋靖雄	中央大学	11
〃	桑島巖	臨床研究適正評価機構	11
4	中野重行	大分大学	6
5	北村聖	東京大学	5
6	井上悠輔	東京大学医科学研究所	4
〃	小笠原克彦	北海道大学	4
〃	楠岡英雄	大阪医療センター	4
〃	服部誠	阿部・井窪・片山法律事務所	4
〃	由井芳樹	京都大学	4
11	Kojima T	東京医科大学	3
〃	Robertson M	Wiley Japan	3
〃	曽根三郎	徳島市病院局	3
〃	津谷喜一郎	東京大学	3
〃	中村健一	国立がん研究センター	3
〃	西本尚樹	香川大学	3
〃	白楽ロックビル	お茶の水女子大学	3
〃	橋本勝美	日本疫学会	3
〃	松井健志	国立循環器病研究センター	3
〃	真部淳	聖路加国際病院	3

Source：医中誌Web, 14 Sept 2017

られており、幅広い関心が示されていた。リストにあげられた21誌のうち、6誌が薬学・薬理学のものであった。2位は、日本医事新報と臨床評価が同数で並んでいる。総合医学雑誌として広く読まれている日本医事新報が2位を占め、ディオバン事件を中心に医学ジャーナリズムとしての役割を果たしている。一方で、日本医師会雑誌は今回の調査では、1編の記事を掲載しただけであった。

記事内容の種類から見ると、解説記事が52%を占めていた（表5−3）。特集記事として掲載された解説記事を含めると2

表5-2 発表誌ランキング

順位	発表誌	発表数
1	あいみっく	22
2	日本医事新報	17
〃	臨床評価	17
4	腫瘍内科	10
5	薬理と治療	9
6	臨床薬理	8
7	情報管理	7
〃	日本放射線技術学会雑誌	7
9	Clinical Research Professional	6
〃	薬局	6
11	再生医療	5
〃	メディカル朝日	5
13	International Journal of Clinical Oncology	4
〃	Pharm Tech Japan	4
〃	解剖学雑誌	4
〃	看護研究	4
〃	薬のチェックは命のチェック	4
〃	情報の科学と技術	4
〃	日本癌治療学会誌	4
〃	日本薬学会年会要旨集	4
〃	日本高血圧学会総会プログラム・抄録集	4

Source：医中誌Web, 14 Sept 2017

48件であり、全ミスコンダクト文献の71％にも上る。学術研究的な論稿は7件の総説と3件の原著であり、原著の少なさが顕著である。

シソーラスランキング

349件のミスコンダクト文献には、合計610種類のシソーラスが付与されていた。平均で1文献あたり1・7語のシソーラスが与えられたことになる。シソーラスの付与数の累積値は2322となる。610種のシソーラスを対象に付与数ランキングを作成してみよう。最も多いシソーラスは、「科学上の不正行為」であるが、シソーラスランキングからは除外している。理由は、「科学上の不正行為」をもった文献が、どのような主題と強く結びついているのかを読み取ることが目的であるからである（表5-4）。

シソーラスの付与数により1位から50位までを、表5-4に示した。なお、50位までの累積付与数は1120件で、「科学上の不正行為」を除いた全累積値（1973）の56・8％を占めていた。また、付与数によるシソーラスランキングの上位10までで、全累積値の31・9％になった。

表5-3　記事の種類から見ると

順位	記事種	発表数	構成比
1	解説	180	52％
2	会議録	76	22％
3	解説（特集）	68	19％
4	総説	7	2％
5	座談会	6	2％
6	Q&A	4	1％
7	原著	3	1％
〃	一般	3	1％
	合計	347	100％

Source：医中誌Web, 14 Sept 2017

表5-4　シソーラスランキング（50位までの累積付与数）

順位	シソーラス	付与数
1	研究倫理	151
2	臨床試験	95
3	学術論文	77
4	利益相反	71
5	研究者	52
6	ガイドライン	48
7	Valsartan	39
〃	医学書誌	39
9	ひょう窃	31
10	著者性	27
11	インフォームドコンセント	24
12	製薬業	21
13	情報管理	20
14	ランダム化比較試験	19
15	研究倫理委員会	18
〃	高血圧(薬物療法)	18
17	医の倫理	17
18	ピアレビュー(研究)	16
〃	研究対象者	16
20	ヘルシンキ宣言	15
〃	研究助成	15
〃	二重投稿	15
23	EBM	14
〃	研究デザイン	14
25	Good Clinical Practice	13
〃	研究	13
27	アメリカ	12
〃	守秘	12
〃	出版撤回	12
〃	倫理審査	12
31	統計的データ解釈	11
32	コミュニケーション	10
〃	診療ガイドライン	10
〃	著作権	10
〃	日本	10
36	プライバシー	9
〃	社会的責任	9
〃	品質管理	9
39	医師	8
〃	疫学研究特性	8
〃	結果再現性	8
〃	研究機関	8
〃	研究報告	8
〃	詐欺	8
〃	社会問題	8
〃	出版	8
〃	出版バイアス	8
〃	情報開示	8
〃	信頼	8
〃	大学	8
	合計	1120

Source：医中誌Web, 14 Sept 2017

シソーラス「科学上の不正行為」で検索した３４９件をミスコンダクト文献とし、調査は２０１７年９月14日に行った。この３４９件のミスコンダクト文献の各レコードには、どのようなシソーラスが与えられているかを集計することで、わが国のミスコンダクト文献の特徴が見えてくる。また、本書4章に発表したPubMedを対象にした出現数ランキングを、海外の比較事例として検討した。ミスコンダクト文献を対象にし、PubMedと医中誌Ｗｅｂの比較を通して、ミスコンダクトへの接近や関心の所在に違いが明示されるであろう。

海外と日本のミスコンダクト文献における顕著な違いは、人体実験（human experimentation）への関心の有無にあった。医中誌Ｗｅｂではわずか2件が検索されただけであったが、２０１７年のPubMed調査では「共出現数ランキング」の1位を占めていた。「科学上の不正行為」の忘れてはならないトピックスは、戦時下に行われた人体実験であり、ナチスだけでなく、日本による満州の七三一部隊や九州大学における米兵捕虜生体解剖事件、さらに、冷戦下米国で行われた放射線被爆実験、アラバマ州タスキーギで行われた梅毒罹患者の自然誌過程の長期観察事件など、研究倫理を考える出発点になることを忘れてはならない。

利益相反（conflict of interest）については、日本ではシソーラスランキングの4位に位置し、２０１７年のPubMed調査（10位）よりも高い関心を呼んでいる。1位の研究倫理（research ethics）は、科学上の不正行為と表裏一体の関係をもつシソーラスである。また、2位の臨床試験（clinical trials）も、日本では注目度が高い。全体的には、医中誌Ｗｅｂでは、ディオバン事件関連のシソーラスが目につく。なお、表5-5に、ミスコンダクト文献に付与されていたシソーラスを、主要な内容であることを示す「メジャー統制語」に限定したランキングを作成した。また、２００２年に出版した『科学者の不正行為』（丸善）のなかで、PubMedのミスコンダクト文献を検索し、付与されたMeSH用語（医中誌Ｗｅｂのシソーラスと同等）のランキングを示した。調査年は異なるが、PubMedを通して海外の動向を知ることができる。[3]

シソーラスランキングによって、現在のミスコンダクト研究や関心トピックスが識別でき、今後に取り組むべき視点が示されたといえる。スキャンダルな事件をきっかけに議論がなされることが多いが、健全な知識基盤を支えていくためにも、過度な業績主義や市場化を批判する必要がある。研究環境の劣化が、ミスコンダクトを生み出す要因になるからである。

謝辞：本稿をまとめるにあたり、医学中央雑誌刊行会の松田真美氏より、医中誌シソーラスに関して説明をいただきました。感謝申しあげます。

表5-5　メジャー統制語シソーラスから見ると

順位	メジャー統制語	付与数
1	研究倫理	99
2	臨床試験	50
3	学術論文	38
4	利益相反	24
5	医学書誌	18
6	Valsartan（治療的利用）	10
7	医の倫理	9
〃	高血圧（薬物療法）	9
9	疫学研究特性	8
10	コミュニケーション	7
〃	看護研究	7
〃	研究	7
〃	放射線技術	7

Source：医中誌Web, 14 Sept 2017

Ⅲ部　発表倫理の展開

発表倫理に焦点をあてることで、研究プロセス全体の公正さをチェックできる。さらに、発表倫理からのアプローチは、自然科学領域だけでなく人文社会科学を含め、分野を超えた考察を可能にし、研究の公正さを集約的に検証する機会になる。また、論文の書き方教育は、盗用をはじめオーサーシップや適切な引用について吟味されるべきである。

6章 生命倫理から発表倫理

研究行動の公正さ

研究者は、研究の着想やデザインから、データ収集と分析をへて考察を加え、最終的に成果を論文にまとめる。科学論文には再現性を保証するうえで必要な情報が記載され、結果の信頼性が担保される。論文発表を通して、研究成果は専門領域の進歩に寄与し、信頼できる知識として社会へ応用されていく。発表なくして、科学研究活動は完結しないだけに、発表倫理に焦点をあてることで、研究プロセス全体の公正さをチェックできる。[1] さらに、発表倫理からの視点は、自然科学領域だけでなく、人文社会科学を含み、分野を超えて共通することも有用である。

研究倫理は、生命科学領域において、1960年代から1970年代に、動物やヒトを対象にした生命倫理（bioethics）として検討され、1980年代になり、研究者自身の行動に焦点をあてた研究者倫理や研究行動の公正さという視点が加えられた。[2] 契機は、1980年代以降に関心を呼んだ科学者の不正行為事件であり、その推測をはるかに超えた広がりと深さによるものである。

発表倫理の中心テーマは、オーサーシップとレフェリーシステムであり、研究倫理教育プログラムにおいても主要なテーマに位置づけられる。オーサーシップは、研究成果への責任を公言することから始まるだけに、正しい理解が求められる。しかし、その定義は各研究室のローカル・ルールにもとづき、国際的な定義が普及していないのが現状ではないだろうか。レフェリーシステムの再構築も重要であり、審査時の匿名性を廃したオープン・ピアレビューなども検討すべきである。自由な討論や相互批判のできる風土を発展させられるか、科学界は問われている。

研究公正局

1998年2月9日、ワシントン郊外のロックビルにある研究公正局を訪れた。日本では、1995年に科学技術基本法が成立し、科学技術創造立国がスローガンになっていた。当時、海外からの日本非難として、基礎科学ただ乗り論や、コピーキャット（ものまね猫）批判があり、日本の科学研究を振興するための新しい政策が要請された。そのなかに、学術研究データベースの整備が求められ、どのくらいの予算をいかなるデータベース開発に費やすべきか方向性を示す必要があり、文部省から研究費が助成された。その2年間にわたる調査プロジェクトの最終場面で、誤りを含んだ情報や、ミスコンダクトにもとづく研究成果をどのようにデータベースで扱うべきか示唆を得たいと思った。科学界に正確な信頼できる研究情報を流通させていくうえで、避けられないテーマと考えたからである。

研究公正局とフィッシャー事件

研究公正局は、1992年に創設された機関で、公衆衛生庁に所属し、米国健康福祉省による研究助成プログラムを監視する組織である。エネルギー省など、その他の省庁の助成プロジェクトは、監視対象にはならない。一般的には、科学界の警察のように考えている人々が多いが、むしろ予防のための啓蒙と教育活動に力を注いでいる。会見には、法学博士で局長のパスカル（C.B.Pascal）、弁護士のギボンズ（A.Gibbons）、医学博士のマックファーレン（D.K.Macfarlane）、図書館情報学博士のシーツ（M.D.Scheetz）など、多彩な専門家から構成されていた。話し合いのなかで、日本からの最初の訪問者であることがわかり、ワシントン中心部から地下鉄で30分程度の研究公正局のオフィスに、日本の政府機関などが訪れていないことに驚かされた。カナダや英国からは、メディアの取材も受けていた。

研究公正局への国民の関心が増大した契機は、フィッシャー事件によるという。1994年3月13日のシカゴトリビューン紙に、クルードソン記者のスクープ記事「乳癌研究におけるねつ造」が発表された。(3) この報道は、乳癌治療を受けた人々に不安をもたらし、さらに患者だけでなく医療現場の医師たちにも混乱をもたらした。ねつ造された調査データにより、不適切な治療が行われた危険性に起因するものであった。

ミスコンダクトが見つかった発端は、「乳癌・大腸癌の治療に関する臨床試験研究プロジェクト」の調査データ管理者が、手術日を除いてすべて同じであるモントリオールの聖ルーク病院からの乳癌手術記録に気づいたからである。病院は1977年から1991年2月までに、この臨床試験に1504名の患者データを提供していた。すべてを対象に点検したところ、115件のデータねつ造や偽造が明らかになった。不正調査委員会は、プロジェクトに参加した関係者へのインタビューから、病院の主任研究者であるポワソンの指示により提出記録を偽造した事実を突き止め、ポワソンに不正があったと結論づけた。(4) なお、この事件がフィッシャー事件と呼ばれているのは、臨床試験の主任研究者であるバーナード・フィッシャーが、乳癌治療のスタンダードを、乳房全摘から部分切除（ランペクトミー）へ変えた著名な癌専門医であったからである。クルードソン記者の批判は、フィッシャーがポワソンの不正に気づきながら、データ分析のやり直しや、結果の公表にあたり、積極的に対応しなかった姿勢を指摘するものであった。

事件に示された米国社会の関心の高さは、研究公正局の存在を後押しする力となったのである。

情報公開への取り組み

ミスコンダクトが確定した調査事例は、*ORI Newsletter* や *NIH Guide for Grants and Contracts*、そして *Federal Register* などに、要約記事が掲載される（図6-1）。さらに、調査報告書の全文が必要であれば、連邦政府各省内に置かれている情報自由局（Freedom Information Office）へ情報公開請求制度にもとづきリクエストできる。研究公正局で不正調査を担当しているマクファーレンは、「研究公正局のすべてのドキュメントを利用することは自由であり、インタビュー記録、履歴書、謝罪文なども了承をとる必要はない」と助言してくれた。研究公正局の調査資料を、自由に活用してもらいたいという姿勢であった（図6-2）。

研究公正局がこれらの事件から学んだことは多く、さまざまな対応と組織化につながった。以下に、主要な研究公正局の役割を示しておく。

・不正調査の実行とコンサルテーション
・モデルとなる対応組織と対処手順の開発と普及
・控訴委員会組織の必要性
・不正事例の公表
・係争への法的な対処

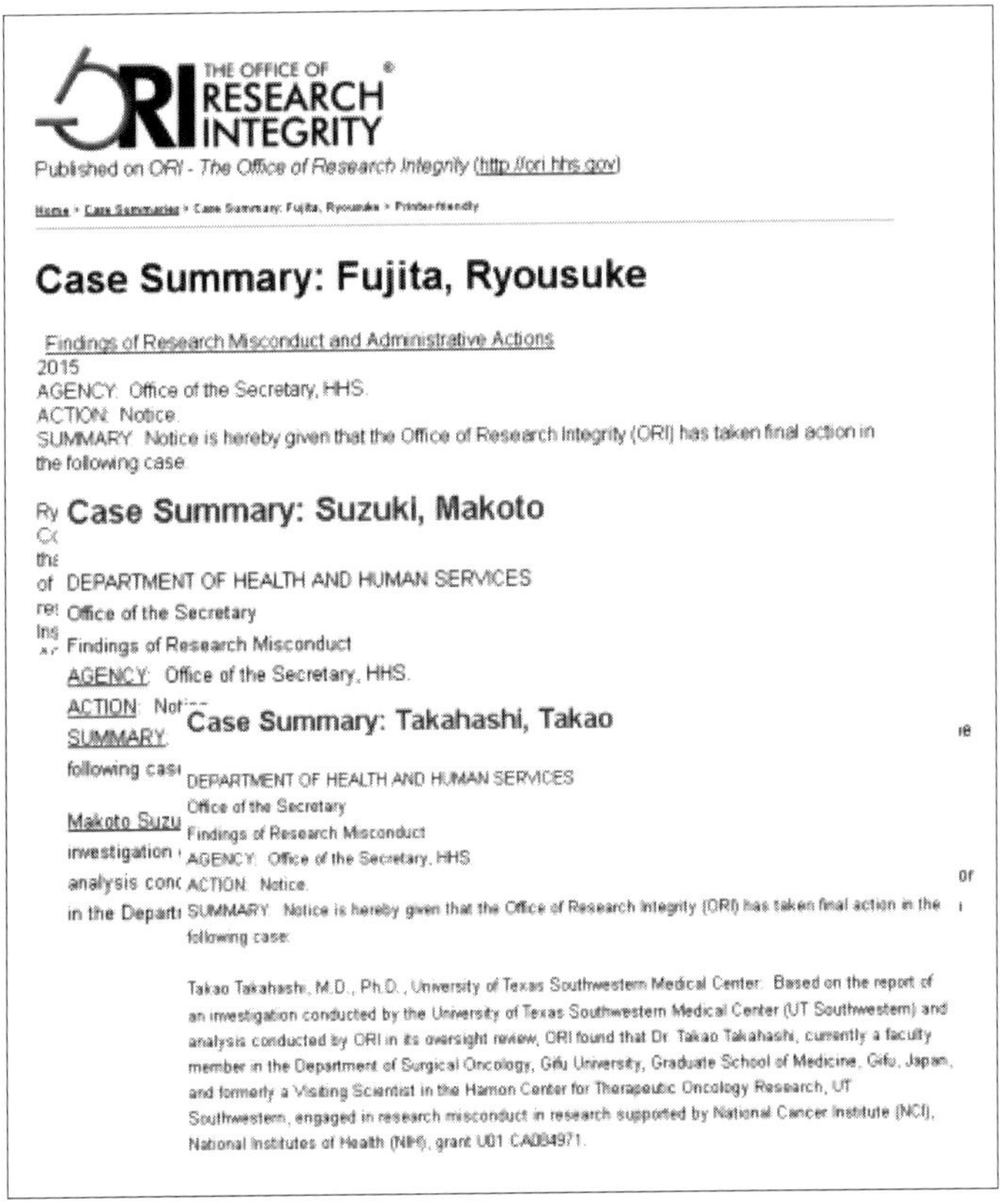

THE OFFICE OF RESEARCH INTEGRITY

Published on ORI - The Office of Research Integrity (http://ori.hhs.gov)

Home > Case Summaries > Case Summary: Fujita, Ryousuke > Printer-friendly

Case Summary: Fujita, Ryousuke

Findings of Research Misconduct and Administrative Actions
2015
AGENCY: Office of the Secretary, HHS.
ACTION: Notice.
SUMMARY: Notice is hereby given that the Office of Research Integrity (ORI) has taken final action in the following case:

Case Summary: Suzuki, Makoto

DEPARTMENT OF HEALTH AND HUMAN SERVICES
Office of the Secretary
Findings of Research Misconduct
AGENCY: Office of the Secretary, HHS.
ACTION: Not
SUMMARY:
following case
Makoto Suzu
investigation
analysis conc
in the Depart

Case Summary: Takahashi, Takao

DEPARTMENT OF HEALTH AND HUMAN SERVICES
Office of the Secretary
Findings of Research Misconduct
AGENCY: Office of the Secretary, HHS.
ACTION: Notice.
SUMMARY: Notice is hereby given that the Office of Research Integrity (ORI) has taken final action in the following case:

Takao Takahashi, M.D., Ph.D., University of Texas Southwestern Medical Center: Based on the report of an investigation conducted by the University of Texas Southwestern Medical Center (UT Southwestern) and analysis conducted by ORI in its oversight review, ORI found that Dr. Takao Takahashi, currently a faculty member in the Department of Surgical Oncology, Gifu University, Graduate School of Medicine, Gifu, Japan, and formerly a Visiting Scientist in the Hamon Center for Therapeutic Oncology Research, UT Southwestern, engaged in research misconduct in research supported by National Cancer Institute (NCI), National Institutes of Health (NIH), grant U01 CA084971.

図6-1　研究公正局が2015年に公表した日本の研究者による3事例
出典：ORI Case Summary. http://ori.hhs.gov/case_summary [accessed 2015-11-10]

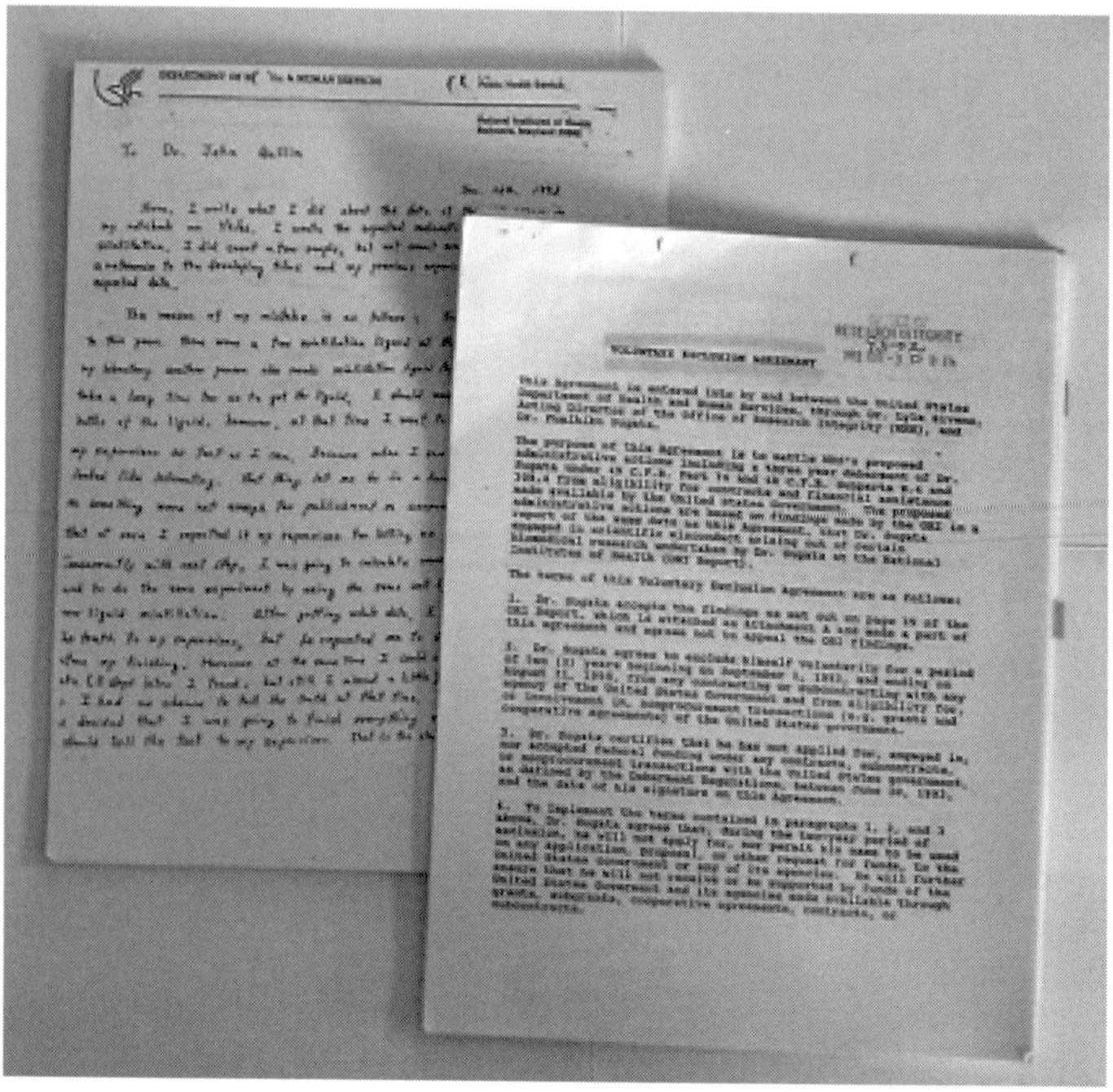

図6-2　Freedom Information Actにより入手した日本人研究者による不正調査レポート

・大学、研究機関、学協会と連携した啓蒙・教育活動の推進
・学術雑誌編集者との協力
・米国国立医学図書館とPubMedでの不正論文や撤回公告の扱い基準を整備
・研究倫理を対象にした研究プロジェクトへの助成
・研究倫理研究のための研究会議の開催（図6-3）
・研究倫理教材の開発支援助成
・研究倫理教材の展示会開催

ミスコンダクト事例に付きまとうもの

事例を調査していくと、ほとんどのケースで、ギフト・オーサーシップを中心にした違反行動が見いだされた。つまり、オーサーシップの誤った適用が常態化していることを示している。例えば、2012年6月、日本麻酔科学会が発表した東邦大学麻酔科准教授によるねつ造事件がある。(5) 1991年から21年間にわたり、172本のねつ造論文が明らかにされた事例であり（毎日新聞 2012年1月29日）、オーサーシップからも、問題事項が明らかになった。

藤井の論文の共著者として、113編で名前のあげられたTは、ねつ造に直接には関与していないが、藤井の指導者でもあり、その責任は重い。また、109編で共著者になっていた総合病院時

図6-3　研究公正局が主催した第一回研究公正の研究会議ポスター（2000年、Bethesda, MD, USA）

代の上司は、自らが著者になっていたことを知らなかったという。

藤井のテーマとまったく異なるSとの38編の共著論文は「お互いに業績を増やすために論文に名前をいれあうとする約束を結んでいた」ものであった。

正しい寄与にもとづいて著者になっていない実態が明らかであり、オーサーシップが乱れている。ミスコンダクトを防止するには、身近な共著者が果たす役割は大きいだけに、オーサーシップの確立は重要なポイントになる。

オーサーシップ

オーサーシップをめぐる特記すべき状況は、多数著者論文の増大と、国際共著論文の増加である。わが国でも、２００４年の*Circulation Journal*誌（日本循環器学会）に、２４５８名のメガ著者数の論文が掲載されていた。数年間、著者数世界第1位の座を占めていたが、２０１０年にセルンにおける高エネルギー物理学論文が、３２２１名の著者数を示し最高記録を更新した。[6] 国際共著論文の増加は、科学研究のグローバリゼーションが進んでいる状況を反映しているが、問題も出現している。オーサーシップの定義が異なり、国際ルールが普及しておらず、文化や倫理観に違いもあり、著者に入るか謝辞欄か、著者順はどうするかなど、研究プロジェクトを開始する際に話し合っておく必要がある。

オーサーシップについてのガイドラインとしては、国際医学雑誌編集者委員会（International Committee of Medical Journal Editors: ICMJE）のICMJE Recommendations (2013) があり、下記の4項目を満たすことが要求されている。

①研究の着想とデザイン、あるいはデータの取得、あるいはデータの分析と解釈
②論文の執筆、あるいは内容への重要な知的改訂
③発表原稿への最終的な同意
④研究のすべてに対して、その正確さや公正さに関する疑問が適切に解き明かされるように、すべての内容を説明できることに同意

実際の寄与が無いにもかかわらず、研究室のトップということだけで著者にリストするのは、当然の行いとしてみなされているのではないだろうか。また、成果をあげなければ次の助成金が得られないという圧力や、昇進やより良いポストを得るためにもギフトを歓迎する風土が醸成されてきている。オーサーシップが適切に運用されなければ、責任ある論文発表にはならず、論文や研究活動への信頼性が失われるだろう。論文の末尾に、寄与内容を明記するコントリビューターシップ（contributorship）の提案[7]は普及しつつあり、贈物を当然とする文化から脱却し、真の寄与をもって判断されるべきである。

ピアレビューのオープン化

ミスコンダクト事例が頻発し、これまでの評価システムであったピアレビューへの不信と無力が明らかにされた。従来のピアレビューシステムは、研究者の性善説に依拠したものであり、意図的なミスコンダクトを阻止できないという反省に立ち、オープン・ピアレビューの提案がなされた。これは、レフェリーも著者も、互いに名前を明らかにして審査を行うものである。審査時に、匿名を良いことに、審査論文の内容を盗み、先に発表をしてしまうことも起きた。この編集不正（editorial misconduct）は事例として多くはないが、放置してしまえば、同僚審査システムの公正さに疑念が生じかねない。１９９９年の*BMJ*に、同誌編集長のリチャード・スミスが、オープン・ピアレビューを評価する記事を発表し[8]、２０００年から*BMJ*誌で採用している。審査の匿名性を廃したオープン・ピアレビューについて、日本でも論議が展開されることを期待したい。

研究環境の改良

科学研究活動は、発表することで完結する。近年、助成機関や政府機関は、研究者へ厳しく対処するようになった。大学を中心とした研究組織に向けた対処モデルや規程をつくり、研究者には誓約書へのサインを求め、倫理教育プログラムの受講などを要求している。競争的な資金の割合が増加し、長期的な取り組みは困難になり、短期的に成果をあげやすいテーマを追うことになる。若手を中心に任期制が採用されており、業績を出せなければ、パーマネントのポストを得ることができない。まさに、「発表するか死か（publish or perish）」[9]という状況に置かれている。経済社会で成功した競争主義と成果主義を、学術世界に導入し、活性化を図ろうとした科学政策への反省無しに、踏み出すのは難しい。科学研究を取り巻く環境を改善せずに、ミスコンダクトを減らすことはできない。

7章 発表倫理から論文の書き方を再考する

問題解決能力の育成

これまで筆者は、論文や専門書を書くことに多くの時間をかける一方で、学生のレポートや卒論、修士論文から博士学位論文の執筆指導なども行ってきた。現在、大学教育のなかで、さまざまな呼称で書き方教育が行われ、学生への教育支援サービスのひとつに位置づけられている。問題解決能力の育成にも役立つものであり、今後とも重点的に取り組まれていくべきである。

論文作法教育を展開するうえでの問題として、インターネット上からのコピー・アンド・ペースト（コピペ）の横行があげられる。適切な引用や出典の明記が無ければ「盗用」になり、研究のミスコンダクトに相当する。自然科学系では、実験データをめぐるねつ造や改ざんが問われ、そして共同研究スタイルが一般化するなかでオーサーシップの適切な運用が課題になる。一方、人文・社会科学領域では、盗用が中心的な研究不正となる。盗用は、他者のオーサーシップを無視することでもあるため、単独著者で書かれることの多い人文・社会科学領域でも、オーサーシップの視点から検討されるべきである。

本章では、研究倫理教育と書き方教育の展開にあたり、発表倫理からの視点を重視した「書き方」を提案するものである。学部生と院生、若手研究者を主たる対象とし、論文の役割を社会を支える基盤として捉え、これまで蓄積されてきた知識への敬意を忘れずに、新たな知識を生み出すための基本事項をまとめた。論文執筆に向きあう前に、確認しておくべき検討内容である。これらをコアとして、専門領域向きに展開していただきたい。

「論文作法」の文献と図書

医学・生命科学領域を代表するデータベースであるPubMedを用いて、「論文作法（writing[mesh term]）」と、「論文作法教育（writing[mesh term] AND education[mesh term]）」の文献数を、1964年から2014年の刊行年別に変化を示し（図7-1）、医学・生命科学における論文作法への関心の所在を確かめてみた。

「論文作法」に関連する文献は、1979年に200論文を超え、1991年には年400論文に迫り、その後2001年には600論文、2011年には1200論文へと上昇していた。一方、「論文作法教育」に関する文献は、「論文作法」文献の17.9%を占めるに過ぎなかった。2008

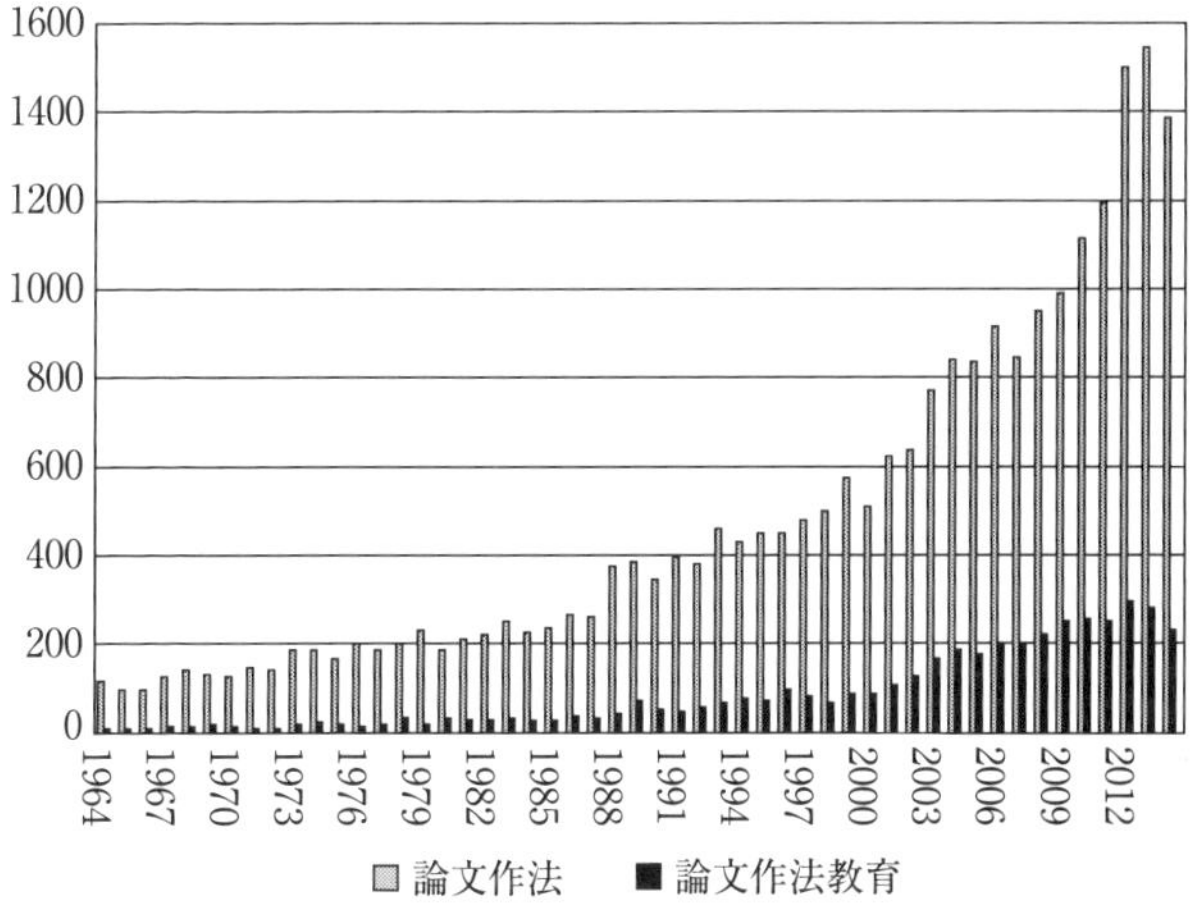

図7-1　「論文作法」文献数（N=24,237）と、「論文作法教育」文献数（N=4,329）の年次変化、1964–2014　Source：PubMed, 4 Oct 2015, writing [mesh term], writing[mesh term] & education[mesh term]

年以降になり年２００を超えるようになったが、論文発表数から見ると活発な討議がなされたとは思えない。

筆者の所属していた愛知淑徳大学図書館の蔵書から、論文作法書を検索すると３４５点が所蔵されていた（２０１５年10月現在）。そのなかで、書名に「学生」「卒論」「卒業論文」「修士」「博士」「学位」などの言葉を含むものを、学生向きの論文の書き方本と捉え、２０００年から２０１４年の最近15年間に出版された２１９点を対象に絞り込んだ。その結果学生・院生向きの論文作法書として、２１９点のうち72点（構成比32％）が該当した。

論文は知識社会を支える

私たちは、科学的な知識を基盤にした社会を形成している。そこでは、研究論文が基盤を支える構成要素となり、堅固に積み上げられている。研究活動の成果は論文として生み出され、社会を支えている。論文の質は、専門を同じくする同僚（ピア）により評価される。ピアレビュー（同僚審査）システムと呼ばれ、論文の質を保証する専門家による内部評価システムである。社会が専門家集団に評価を付託する一方で、この質保証システムに高い透明性が求められるのは、広く外部からの評価に対処するためである。同僚から論文の質を保証されることで、信頼できる知識が生み出される。

この知識に関連して、国立情報学研究所所長であった猪瀬博は、「知識や情報は伝えても無くならない」と述べ、情報学研究と学術データベースの振興に努めた[1]。集積された優れた論文は、知識基盤社会を発展させていくという信念であろう。しかし、主要データベースをもとにした日本の論文生産量は、米国に次ぎ世界第二位であったが、２００６年に中国に抜かれた。さらにスキャンダルになるような論文不正事件が起きた。生産量の衰退だけでなく、その質も問われ、論文生産の健全性に疑問が生じた。発表倫理の視点から論文作法を考える時である。

データからファクトへ

データは、「所与」とも訳され、「他から与えられるもの」であり、実験や観察、調査活動から得られる。ファクト（事実、fact）は、「factory」や「manufacture」という言葉からわかるように、「つくられたもの」である。ゆえに事実は決してひとつではなく、研究する人の数だけあるともいえる。データから導かれた個々の事実は、相互に比較され、史的に検証され、エビデンスを問われ、より確かなものになっていく。与えられたデータの声に虚心に耳を傾け、敬意をもって正面から向き合うことである。それだけに、データを意図的に改変したり、異常値やはずれ値を安易に除外したり、付け替えたりするのは、リスペクトを欠いた行為であり許されない。また、データは与えられるものであるが、研究者側の問いかけの強さに応じて変動し、研究者の探求心に呼応するものでもある。

巨人の肩の上に立つ

Google Scholarは、文献検索ツールとして、学生から研究者までに幅広く支持されている。そのトップページに「巨人の肩の上に立つ」とあり、英語版では「Stand on the shoulders of giants」

と記載されている。研究のプロセスを考えると、調査・実験を行うだけでなく、関連資料の検索と収集を中心とした先行文献調査の過程がある。自分の研究テーマに関係する先行文献を吟味していくなかで、新たな気づきや展開を得る。そして、先人の業績の上に自分たちの仕事が存在していることに気づき、先行文献とそれらの著者に対して敬意の念を見いだすのではないだろうか。

参考文献を示す代表的な記載方式に、引用順スタイル（citation order style）とハーバード・スタイル（Harvard style）がある。ハーバード・スタイルは、本文中に著者名と出版年を示すことにより、先行文献への敬意とオリジナリティへの信認を重要視するものである。また、ハーバード・スタイルによる文献リストは、著者名順に整然と並べられており、書誌リストとして有用である。

引用とは

文献引用とは何であるのか。定評ある教科書から引いてみよう。「文献引用とは、文章、レポート、研究の一部分などを書く際に使用した情報源へ謝意を表明することである。議論の正確さや根拠を確かめるための典拠となる資料へ、できるだけ迅速に接近するのを可能にする。課題レポートの文中や、本文末尾にそれらを引用することで、容易に情報源を識別できるようにする」と記されている。(2)

引用にあたり、なぜ「すでに公表されている著作物であること」(3)が求められるのだろうか。それは、誰もが利用できる公開情報を媒介として討議がなされるべきであるという考えによる。論文内容に関係する根拠や情報源は、誰もが入手できる公開された著作物であるべきであり、入手できない私信（私的資料）などは文献リストに載せず、本文中に記載する。なお、アメリカ心理学会の論文作成マニュアル[4]によれば、「私信とは、文字、メモ、電子通信、個人的なインタビュー、電話の会話などである。私信は回復可能なデータではないので引用文献リストには含めない」。さらに「引用するものは学問的妥当性のあるものでなければならない」と注意している。近年、ネットワーク資料の台頭が顕著であるが、質的に不適切なものが混在しているため、利用に際しては、作成機関や提供者に注意し、サイト情報と利用日などを記載する必要がある。

また、テーマの全体像や問題点を理解し、自らの方向性を見いだすために役立ったレビュー論文があれば、それらも示すべきである。レビューが言及・参照した文献はリストに記載するが、レビュー論文が明示されない事例がある。先行研究や研究の背景、進展状況を述べるためにレビュー論文を活用することもあると思われる。その際には、レビューの存在を無視するような行為をしてはならない。

コピー・アンド・ペースト

インターネットの普及による最大の問題として浮上したのがコピペである。引用や出典を示さなければ、盗用になることが十分に理解されていない。

本文中の記載方法に関して、アメリカ医師会の書き方マニュアル（AMA：6章14ブロック引用文）では、「4行以下は、カギ括弧（「」）や引用符（" "）で示し、5行以上では本文と区別できるように、文字の大きさ（ポイント）を小さくし、インデント（段落）を本文より落とすなどは一般的には用いない」[5]としている。アメリカ心理学会の論文作成マニュアル（APA：4.08ブロック引用）では、「40字以上になる引用文はブロック引用する（その部分を本文から離して表示する）。この場合、引用文を本文中に組み込まず、ダブルクォテーションマークも付けない」とし、英文で5スペースほど、引用文を字下げするよう勧めている。引用であることを、カギ括弧や引用符で示したり、字下げしたり、文字ポイントを小さくするなどし、対応するべきである。

文化庁の著作権ガイドによれば、「引用部分とそれ以外の部分の「主従関係」が明確であること」と記載されている。文章の記述を誰がコントロールしているか、読み手にわかるよう表記されるべきである。また、「主従関係」から考えると、引用が1頁の半分以上を占めるのは不適切であり、必要最小限にするよう求められる。

著者とは

オーサーシップは、論文内容への責任を公式に告げるものである。しかし、著者の定義は軽んじられ、研究への寄与を正しく反映しているのか疑問が表明されている。プロジェクトに寄与していない研究室のトップが著者として扱われる慣例が、あたかも徳行のようにみなされているのが現状であろう。

オーサーシップの定義は、国際医学雑誌編集者委員会の勧告があり、生命科学領域でよく知られている。時代に即した改良が加えられ常に最新版が示されている。さらに、「共著者の寄与内容が明らかにされることに加え、研究に果たす各々の責務を識別できる。加えて、著者らは各自の寄与内容の公正さに信を置くべきである」という注記が付加された[6]。

誤ったオーサーシップの代表としてギフト・オーサーシップがある。著者としての寄与のない人に、あたかも贈物をするように著者リストに加えることである。一般的に地位の高い人へ与えられることが多く、名誉のオーサーシップ（honorary authorship）とも呼ばれる。このギフト・オーサーシップは、金銭がともなうケースもあり注意が必要である。オーサーシップの贈物を喜んではかりはいられない。ミスコンダクト論文の著者をギフトされるケースもあり、贈物に毒があることも忘れてはならない。

ゴースト・オーサーシップ（ghost authorship）は、著者の資格がありながら共著者として扱われない人で、特に製薬企業に雇用された統計専門家を指している。ゲスト・オーサーシップ（guest authorship）は、実際の寄与がないにもかかわらず、著名な研究者を共著者として招くことである。名声のある研究者を著者に入れ、論文の評価を意図的に高めようとする行為である。

オーサーシップの要件を満たさない寄与であれば、謝辞に記載して感謝の意を表明することになる。謝辞とオーサーシップを適切に使い分けるよう研究者は求められる。

著者の責任とは

オーサーシップを正すことで、論文のミスコンダクトの防止が可能になる。そのための方策のひとつとして、コントリビューターシップが提案され、[7]主要な総合医学誌をはじめとして採用が増加している。コントリビューターシップは、論文への寄与内容を具体的に示すことで、実際の寄与がない同僚、指導者、研究組織の長などを除外し、真の寄与をもって著者名リストを形成しやすくさせる。コントリビューターシップ欄は、本文の末尾に置かれ、ネイチャー誌や*JAMA*誌では「author contributions」、ランセットや*BMJ*誌では「contributors」として記載されている。

共著者の並び順は、一般的に最も寄与の高い著者が筆頭となり、以下寄与順に並ぶ。最後尾のラストオーサーは、研究プロジェクトの主導者や保証者（guarantor）を示す事例が多く存在する。また、どの著者も同等の責任を果たしており、著者名のＡＢＣ順に並べる分野や雑誌もある。著者の並び順は、寄与順を基本とするが、著者数が１００名を超えるようなメガ著者論文では、著者名のＡＢＣ順などを用いないと探すのが難しくなる。

近年、その重要性が高まったものに連絡責任著者（corresponding author）の役割がある。投稿にあたり編集者と直接連絡を取り、論文審査時にはレフェリーや編集者からコメントを受け、共著者を代表して修正や反論などを行う。また、出版後にはメディアへの対応や読者からの意見に応える役割である。また、著者同意書へのサインを代表して行うこともある。論文をめぐるコミュニケーションの中心となるのは、筆頭著者やラストオーサーであるが、多数著者論文が増大するなかで、著者の役割や責任が明確ではなくなってきたのである。

発表しないのはミスコンダクト

出版バイアス（publication bias）は、「ポジティブで有意な結果を示す研究の方が、ネガティブな結果の研究よりも、出版される傾向にあることを意味しており、positive-outcome biasとも呼ばれている」[8]。仮説を検証できなかった研究、有意でなかった研究、そして期待できない結果であるが正確になされた研究など、発表をためらってはならない。特に、臨床試験の発表をめぐる出版バイアスは、診断や治療、そして医療評価の質に影響する。Evidence Based Medicine（根拠に基づいた医療）の主導者のひとりであったChalmersは、「臨床試験研究を報告しないことは、科学研究上の不正行為であると厳しい。ポジティブでなかったことを理由に、きちんとデザインされた臨床試験が、公表されないとすれば、システマティックレビューやメタ分析の結論に影響をおよぼし、患者への不適切な治療につながるからである。報告されない研究が増えれば、患者にとり有害で偏向した結論になる危険がある。研究代表者、研究倫理委員会、助成機関、雑誌編集者は、すべての臨床試験が公表されるよう尽力すべきである」[9]と述べている。成功した研究だけが、発表する価値が存在すると考えるべきではない。

8章 Honest errorから研究の誠実性を考える

誠実という言葉

誠実（honesty）は、『広辞苑』によれば、「他人や仕事に対して、まじめで真心がこもっていること」とある。誠実であることは信頼につながり、人間の関係性を発展させるうえで大切な価値となる。研究倫理について話し合う際にも、最初に確認されるべき言葉である。

１９９２年に、米国ワシントン郊外に研究公正局が創設され、研究不正への本格的な取り組みが行われるようになった。米国以外では、科学の研究不正について、早い時期から検討を開始し、国家レベルで対応した国としてデンマークがある。１９９１年にDanish Medical Research Councilは、科学の不正行為をテーマにした委員会を組織した(1)。委員会では、用語の検討から始め、不正行為は、「scientific dishonesty」と呼ぶことに決定した。誠実（honesty）と不誠実（dishonesty）という言葉が、研究不正や倫理を考える基本的な用語として位置づけられたのである。

当時、国際的に流通可能な不正行為の用語をめぐり、さまざまな議論がなされた。同義語として「fraud」（法律用語）、「misconduct」（範囲の広い言葉）、「scientific integrity」（北米で好まれる間接的な表現）などが検討された。「Fraud」は法律用語として確立されているが、研究不正は倫理上の懸案であり、現在ではより広い一般的な言葉である「misconduct」が用いられるようになった。「integrity」という言葉には、研究不正という同じ対象を扱いながらも、ポジティブな方向で討議を展開させようとする意思が反映され、「honesty」とともに重要な鍵となる言葉である。

誠実は共有する価値

米国の研究公正局の研究倫理テキストとして、ステネックにより執筆された *ORI Introduction to the Responsible Conduct of Research* を見てみると、その序文に以下のような記述があった。「一般的な言葉で表現すれば、責任ある研究行動は、単に良き市民の生き方を専門家の生き方に適用することである。研究を、誠実に、正確に、能率よく、客観的に報告する研究者は、責任ある研究へ向かう時に、正しい道に乗り入れている。不誠実であり、承知の上で正確でない報告をし、助成資金を無駄にし、研究知見に影響する個人的な偏向を許すような人はいない」(2)と述べ、第一部の冒頭で共有する価値観について言及している。

責任ある研究行動にしても、専門分野や研究室によっても異なっているけれど、責任ある行動に関して、「すべての研究者をともに結びつける共有している重要な価値観」があるはずである。この共有する価値観として、以下の4点があげられている。

・誠実（honesty）……正直に情報を伝え、責任を持って行う
・正確（accuracy）……正確に知見を報告し、誤りを避けるよう注意する
・効率（efficiency）……資源をうまく利用し、浪費を避ける
・客観性（objectivity）……事実に語らせ、誤った先入観を避ける

着目すべきは、共有する価値観の第一に「誠実（honesty）」が示されている点である。誠実であることは、研究倫理を支える大切な価値観であり、不正行為に向きあう積極的な心情を示すものでもある。

理化学研究所の対応方針

ＳＴＡＰ細胞論文の共著者の多くが所属していた理研では、２００５年の論文不正事件を契機として「科学研究上の不正行為への基本的対応方針」と研究不正の定義などを、米国の連邦政府規律に準じて公表した(3)。わが国を代表する研究所であり、迅速な対応と思われる。しかし、その不正確な文言を読んでみると、研究不正の実態が理解されていないのではないかという疑問を禁じえない。

研究不正とは、「科学研究上の不正行為であり、研究の提案、実行、見直し、及び研究結果を報

告する場合における、次に掲げる行為をいう。ただし、悪意のない間違い及び意見の相違は研究不正に含まないものとする」（傍線は筆者による）とした。この100字に満たない説明文について、「研究の提案」とは具体的に何を意味しているか、研究倫理に関する講演に招かれた際に聴衆に質問してみると、適切な答えはほとんどない。原語が「proposing」であることを伝えると、助成金の申請という答えが少しであるが聞こえてくる。助成申請の審査をめぐり、審査関係者による盗用が重大な問題とされる危機感を、「研究の提案」という言葉からは連想できない。

次に「見直し」について質問すると、会場から答えが出ることはまれであった。原語は「reviewing」であり、投稿論文の査読を示している。論文審査時に起きる盗用や審査の引き延ばしといった、「editorial misconduct」への対応が、意図されている。「見直し」という言葉からは、論文の質を評価するレフェリーシステムの存在は見えてこない。研究不正が起きる種々の舞台設定が適切に想起されておらず、ミスコンダクトの実態が反映された文言になっていない。さらに、研究者の多くが具体的な背景を読み取れないような文章が、組織内部で修正されずに公表されている。

ミスコンダクトについての但し書きの訳では、さらなる混乱が引き起こされた。「honest error」を「悪意のない誤り」と訳したことで、反対に研究不正にはすべて悪意が存在するものと読める。そこで、STAP論文筆頭著者の弁護士に、悪意のない不正はミスコンダクトでなく、ミステイクであると主張できる余地を残したのである。しかし、悪意なしにねつ造や改ざんなどの研究不正を行う方が、はるかに恐ろしいのではないだろうか。『広辞苑』によれば、法律用語では、「悪意は事実を知っていること」であり、日常用語での悪気があるという意味ではなく、道徳的不誠実さの意味は含まないという指摘がある。ただし、「honesty」に関して、道徳的誠実さを抜きにして訳出することは考えられない。つまり、「honest error」を悪意のない誤りと不適切に訳し、その訳語が一人歩きしてしまったのである。誠実という研究者が共有すべき価値から離れたところで、「honest」は訳されていたといえる。すべての研究者に共有されるべき価値の第一に、誠実が掲げられている意義を受けとめる必要がある。誠実さという価値を共有しているかが、科学界に問われている。

誠実な誤り、事例から考える

医学研究科博士課程での研究倫理についての集中講義を終えた時、一人の学生から質問を受けた。「誠実な誤りにどのようなものがあるのか、具体的に説明して欲しい」という内容であった。筆者は「結果を再現できなかった場合や、実験で汚染がおきたような深刻な例もあるが、多くは誤記や計算誤りといったケアレスミスがほとんどです」と答え、そして「実際には、ミスコンダクトか誠実な誤りかを識別するのは難しいケースもある」ことを伝えた。帰路、この質問に対し、誠実な誤りの事例を集め、それらの傾向を明らかにする必要があると思った。

そこで、以前PubMedを用いて日本からの撤回論文（98件）を調査し[4]、誠実な誤りによる30件の論文事例を保持していたので、それらの撤回通知を改めて精査した。判断が難しい1件を除き、最終的に29件を分析対象として、誠実な誤りによる論文と判断した具体的な理由をまとめてみた（表8-1）。

表8-1　誠実な誤り：PubMedの日本撤回論文29件の分析から

理由	件数	構成比
再現できず	12	41%
重大な誤り	10	34%
コンタミネーション（実験汚染）	3	10%
対象を誤る	2	7%
図の誤り	2	7%
	29	100%

Source：山崎茂明「PubMedから日本の撤回論文を調べる」『あいみっく』32(3)(2011)：59-62. のデータ

最も多い理由は、発表後に主要な実験結果を「再現できなかった」ものであり、対象29件の41%を占めていた。この再現実験は、ほとんどが著者グループによりなされたものであり、投稿を焦った結果ともいえる。「重大な誤り」としてまとめたものが10件（34%）、実験の場で発生した「コンタミネーション（実験汚染）」が3件、「対象を誤る」とした2件のうち1件は誤ったモンキー細胞を対象として扱い、そしてもう1件は適切でない遺伝子組み換えマウスを対象として取り違えていた事例である。図の誤りとした2件は、実験結果が間違っていたことを示している。

現状では、ミスコンダクトか誠実な誤りか、記載された撤回通知だけでは判断が難しい。それだけに、編集者や著者らは、読者にミスコンダクトによるものか、誠実な誤りであるかがわかるよう、できるだけ明快に記載するべきである。日本人研究者により、２００１年にネイチャー・メディシン誌に発表された細胞死のシグナリング促進物質に関する結果に、多くの研究者から再現できないという批判レターが寄せられた。明らかにするために、共著者が追試を試みたが再現できず、不正な実験であることが示された。それによって、ネイチャー・メディシン誌のNews & Views欄でその論文の意義を解説した記事も、論拠を失い撤回された[5]。ミスコンダクトではないが、撤回する必要がある。解説記事の執筆者は、むしろ、被害者として考えられる事例である。

また、自らの結果の誤りを、他者の論稿やコレスポンデンス記事から気づかされた事例が3件あり、同学の専門家が情報のフィルターとして機能していた。

これら29件は、重大な誤りにより撤回にいたったものである。多くの誠実な誤り例は、一般的に訂正記事欄で示されているものである。誤字・誤記、転記ミス、計算ミス、統計処理誤り、ケアレスミスなど限りがない。意図的な誤りではなく、誠実に行ったなかで発生した誤りであり、これらのエラー（error）はミスコンダクトではない。「エラーは研究活動に付きまとう副産物である」と、*Research Misconduct*（Ablex Pub, 1997）のなかで、編著者であるアルトマンは述べていた[6]。人は誤りから自由になることはない。

見てきたように、誠実な誤りかミスコンダクトであるかは、判断に苦慮するケースもある。日頃から、さまざまな事例について討議されたい。また、忘れてはならない視点として、「ミスコンダクトの申し立てを受けることは、研究者のキャリアに深刻な影響をもたらし、助成資金の獲得に不都合が生まれるであろう。告発に対して控訴するにしても、余計な時間が求められる。また、ミスコンダクトを立証する不正調査には、専門を同じくする研究者から、多くの時間とエネルギーを奪うことになる」と、レズニックは述べていた[7]。起こしてしまったミスコンダクトに対しても、研究者は誠実に向き合い、やり直す機会とすることである。

誠実さ

「honest error」の訳語や、科学の不正行為が発生する場面が想起されていない訳語など、日本を代表する研究組織の基本的対応方針の課題を指摘したが、科学界全体としても共有すべき問題であり、個々の事例から学び、対応していくことである。また、「honesty（誠実）」は、研究者が共有する基本的な価値として位置づけられていた。そして研究不正を検討した初期には、不正行為に対して「dishonesty」という言葉を用いることでまとまった。誠実という言葉の重要性が、改めて再認識されたともいえる。誠実さを問うことで、科学の不正行為を、倫理上の問題として広く取り上げる必要性を科学界に示した。

Ⅳ部　事例から問う

米国の研究公正局の研究不正事例報告を、日本人の例を中心に読んだ経験からすると、不正調査は、研究者を罰するためでなく、もう一度やり直すチャンスを与えることを目的としていた。研究不正の調査は、教育プロセスと位置づけられている。また、研究活動に誤り（mistake）や不正（misconduct）は避けられない。誤りや不正という存在を病気とみなし、予防や治療、そして教育といった視点から対処すべきである。

9章 訂正記事を透明化する

訂正記事

研究発表を含め、科学研究活動に誤り（mistake）は存在し避けては通れない。同時に、医療においても広く誤りを共有する必要がある。誤りを隠されてしまえば、医療の質向上につながらない。学術文献に出現する誤りも、その存在を認め原則として公表されるべきである。そのうえで、新しく生み出された信頼性の高い情報や知識により、社会を支える知識基盤の更新がなされていく。

「科学研究上の誤りと不正を明確に識別することが重要である」とホッシィ[1]は述べ、次のように続けた。「誤りは臨床において避けられない。また、数えきれないような多様な誤りが、研究にたずさわる人々により発生している。誤りを追求することは、良き臨床行動の実現に欠かせない。不幸にして、これまでの医学教育のなかで、誤りは非難の対象となる行為としてみなされ、誤りを恐れるものとして教えられてきた。この恐れは、誤りを隠し、意図的な不正へと導くかもしれない」。

サラ・フォックス（S. Fox）ら[2]は、「誤りには、誤タイプや誤記といった比較的軽微なものから、ミスコンダクトによるデザインや実行まで、さまざまである」と述べ、さらに「訂正率の違いは、出版後の完成度やできばえの指標になる」とし、「訂正は目につき、報知的で、引用でき、そして目次に示されるべきである」と述べていた。結論として、フォックスらは訂正が公開されるのは氷山の一角であると認識し、編集者は透明性と誠実さを発揮し、学術論文に誤りは避けられないことを理解してもらうよう、読者へ周知することを提言している。

本章では、医学・生命科学領域における訂正記事をめぐる現状を明らかにするために、PubMedを用いて訂正記事を検索し、該当する文献レコードを個人文献管理ソフトであるEndNoteに取り込み、分析を行った。調査データの取得は、２０１５年６月20日に行っている。

米国国立医学図書館への問い合わせ

２０１５年６月、PubMedを通して訂正記事数の年次変化を調べた。訂正記事の検索は、出版タイプである「published erratum」を用いて行った。４４０４件が得られ、年次出版数変化を作図することにした（図9-1）。訂正記事を示す「published erratum」は、１９９１年に出版タイプとして導入され、同年98件が採録されており、研究公正局が創設された１９９２年では１４０件になっていた。その後、30件前後で推移し、２０１３年から上昇に転じた。そして、２０１５年６月

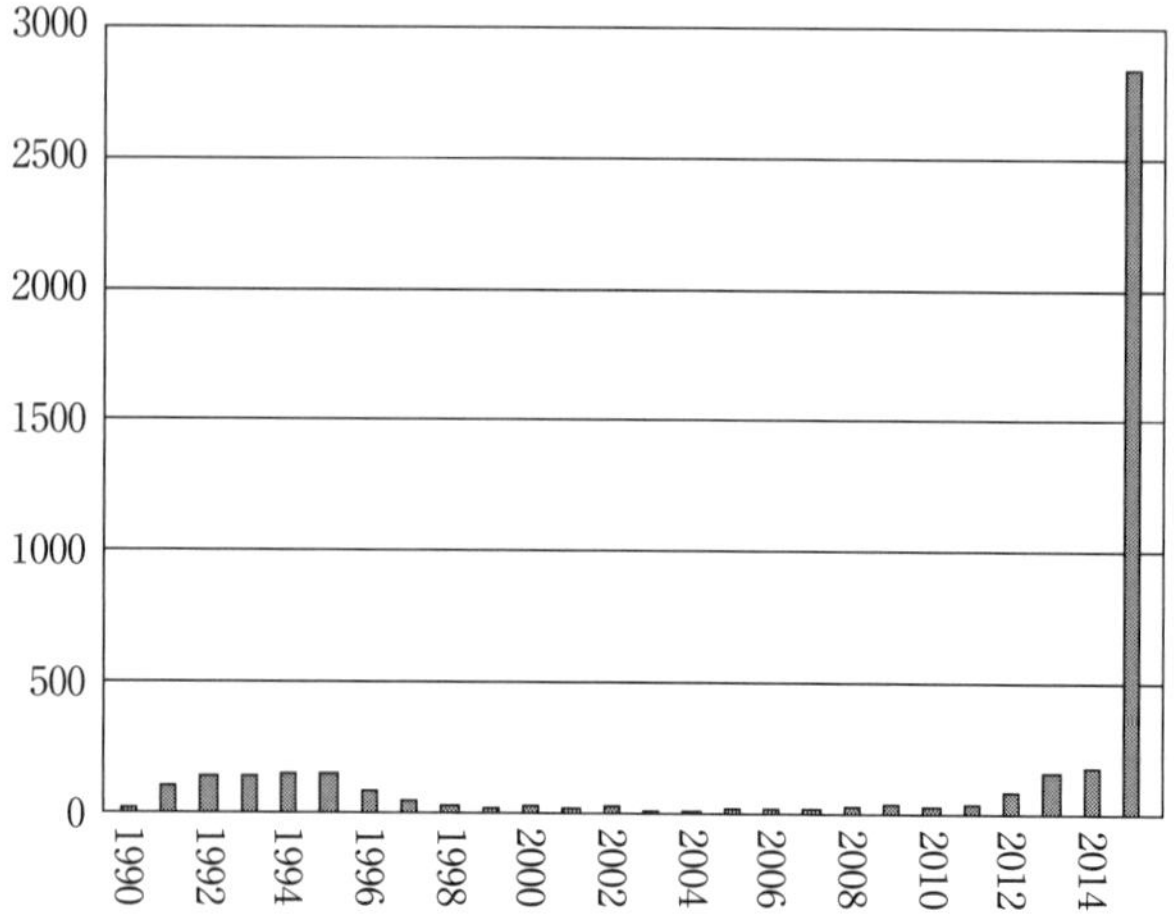

図9-1　訂正記事の年次出版数変化
Source：PubMed, 20 June 2015, published erratum, N=4404

20日現在で、2015年の半年分にもかかわらず訂正数が2843件と急激な上昇を見せていた。このような顕著な変化はなぜ起きたのか疑問に思い、米国国立医学図書館(National Library of Medicine: NLM) のカスタマーサービス部門に、訂正記事数の年次変化を示す図を添付し、2015年7月6日に電子メールで問い合わせてみた。

2日後の7月8日に返信がきた。「米国国立医学図書館の索引方針に変更があったわけではなく、より多くの訂正記事が出版されるようになったからである。理由は、多数の編集制作上の誤り (mistake) が雑誌出版側によってなされている。米国国立医学図書館は、雑誌のなかで正式な訂正記事が出版されるまで、PubMedの記事データを変更していない」とのことだった。訂正記事数の急増は、出版側の対応の変化に由来するという見解である。

厳密には、誤りには2種類あり、用語が区別されている。雑誌出版側に責任がある訂正は「errata（erratum）」、著者側がその責任を負うべき訂正は「corrigenda」である。しかし、現状は必ずしも違いが明瞭ではないため、米国国立医学図書館は両者を識別していない。

そこで、米国国立医学図書館は[3]、すでに出版された論文への訂正や誤りについて、出版者、編集者、著者らにより発行された誤り記事と定義した。その訂正記事には、完全な検索のための書誌データを付与している。単行本や継続図書の場合では、著者、表題、奥付、頁、他の有用な記述が付与され、雑誌論文の場合も、著者、表題、頁、他の有用な記述が付与される。訂正の知らせは、「errata」や「corrigenda」という用語をはじめ様々に表記されている。

訂正記事の表記

PubMedから得られた４４０４件の訂正記事は、どのような見出し語（caption）のもとで刊行されているのだろうか（表9-1）。最多の表現は、「correction」であり38％を占めていた。２番目は、「erratum」であり23％の構成比を示していた。３番目が「corrigendum」で10％であった。言葉の原義から、「errata」や「erratum」を含めた「error系」は１１３３件になり、構成比は26％である。「corrigendum」と「corrigenda」を含めた「correction系」は２０９４件で、構成比は48％を示した。また、「corrigendum・erratum」と併記する見出しもあった。これは、「error系」や「correction系」のどちらにも含めなかった。「errata」と「corrigenda」の違いなど、まだ十分には浸透していない実情が明らかになった。

訂正記事の掲載誌ランキング

米国国立医学図書館により識別された4404件に及ぶ訂正記事について、掲載誌ランキングを作成した（表9-2）。トップは2006年に創刊されたオープン・アクセス誌の*PLOS ONE*誌であり、870と群を抜いていた。そればかりでなく、*PLOS Genetics*、*PLOS Neglected Tropical Diseases*、*PLOS Pathogens*なども、ランキングリストの上位を占めていた。また、論文の撤回にいたるような重大な誤りは、一流誌、二流誌、三流誌で発生しているのではなく、一流誌を舞台になされていたが、訂正記事でも同様な傾向が見られた。米国国立医学図書館のコツィンら[4]は1989年に、データベースの品質保証の視点から、訂正や撤回をいかに扱うべきかを論じていた。そこで、訂正記事を掲載している雑誌のランクリストを示した。1位がランセット誌、

表9-1　訂正記事の表記は？

訂正記事の主要表記	記事数	構成比
correction (corrections)	1666	38％
erratum	1027	23％
corrigendum (corrigenda)	427	10％
error (errors)	66	2％
errata	40	1％
corrigendum・erratum	37	1％
その他	1141	26％
Total	4404	100％

Source：PubMed, 20 June 2015, published erratum, N=4404

2位が*JAMA*誌、3位が*Journal of Biological Chemistry* (*JBC*) 誌、4位が*Proceedings of the National Academy of Sciences of the United States of America* (*PNAS*)、そして5位が*Biochemical and Biophysical Research Communications* (*BBRC*) 誌と、トップジャーナルが上位を占めていた。なお、これらの上位5誌は、表9-2でも上位25誌の範囲でリストされていた。

表9-2　訂正記事の掲載数による学術誌ランキング

順位	雑誌名	記事数
1	PLOS ONE	870
2	JBC	86
3	PNAS	76
4	Nat Commun	47
5	Nature	43
6	PLOS Genetics	39
7	PLOS Neglected Tropical Diseases	37
–	PLOS Pathogens	37
9	N Engl J Med	31
10	Sci Rep	30
11	Science	29
12	Lancet	26
13	BBRC	25
–	Gene	25
–	Nucleic Acids Res	25
16	FEBS Lett	23
17	J Virol	21
18	BMJ	20
19	J Chem Phys	19
–	Mol Cell Biol	19
21	Cell	16
–	Eur J Biochem	16
–	J Am Chem Soc	16
–	JAMA	16
–	Medicine(Baltimore)	16
26	Chem Commun(Camb)	15
–	Fron Psychol	15
–	Hum Mol Gene	15
–	J Immunol	15
–	Nat Genet	15
	Total	1683

Source：PubMed, 20 June 2015, published erratum, N=4404

質の維持に抵触するオープン・アクセス誌のビジネスモデル

*PLOS ONE*誌の訂正記事数は、2015年に急激に増大しており、これは何を意味し、いかなる問題を示しているのだろうか。

オープン・アクセス誌の*PLOS ONE*誌は、2006年12月の創刊からの1年で、1200論文を掲載した。PubMedによれば、掲載論文数は、2013年には31571論文へと急上昇し、2014年には30148となった。2015年も3万台を維持すると推測される。2015年6月末までの累積論文数は13万件を超えており、研究成果の発表の場を提供してきたといえよう。しかし、そのビジネスモデルは、著者からの掲載料に依存している。厳しい査読のもとで質を追及すると経費が掛かることになるため、佐藤[5]が危惧したように、ある程度の内容であればできるだけ受理し、うるさいことは言わないという姿勢になり、こまかな誤りを見逃してしまう危険がある。

訂正記事数を出版論文数で割った値を訂正率とすると、2015年の*PLOS ONE*の訂正率は5・8%にのぼり、明らかに高い。誠実に誤りを公表しているともいえるが、著者も編集審査側も、これだけの誤りを見逃していることを重く考えるべきである。掲載数を増やさなければ事業を維持できないというジレンマが、オープン・アクセス誌には存在する。レフェリーシステムを通して厳しい査読を行い質保証に努めることが、経営的な視点からは負の要素になるとしたら、信頼できる学術情報メディアとして支持されるか疑問に思う。

訂正理由と発生場所

訂正は、論文のいかなる場所で主に発生しているのか（表9-3）、そしていかなる理由で訂正をするのか（表9-4）、そのための試行的な調査を行った。表9-1の表記のなかで、「corrigendum・erratum」で識別された37件の記事を対象にした。理由は、出版制作側の誤りと、著者側の誤りが、確実に混在するグループとみなしたからである。なお、37件の記事で、1件に2カ所以上の場所が存在するものがある。具体的には2カ所が3件、4カ所が1件あり、合計43カ所を対象にした調査である。

表9-3に、訂正場所の多い順に示した。本文が最多で17カ所（40％）、2位は著者欄で21％、3位は図表欄で16％、そして4位の所属欄（12％）と続いていた。比較可能な調査結果が、米国国立医学図書館のコツィンらにより発表されていた。1位は本文で51％、2位は図表欄で36％、そして3位は著者欄の6％という結果を発表していた。本文の訂正が両調査ともトップを占め、2位と3位の順位が入れ替わっていた。１９８９年のコツィン調査では、著者欄に発生した訂正が3位であったが、本稿の試行調査では2位を占めた。多数著者による発表が進展するなかで著者欄の訂正が上昇し、より主要な関心事になっている現状を示している。

表9-3　訂正場所はどこか

場所	記事数	構成比
本文	17	40%
著者	9	21%
図表	7	16%
所属	5	12%
謝辞	2	5%
欄外見出し	1	2%
論題	1	2%
文献表	1	2%
	43	100%

表9-4　訂正理由は何か

訂正理由	記事数	構成比
本文中の文字·数字·表記の誤記（欄外見出しを含む）	17	40%
著者名の加除·順序変更·誤記	8	19%
図表の訂正	6	14%
所属の訂正·変更	5	12%
文献引用リストと文中での記載	3	7%
表題訂正	1	2%
助成金番号記載誤り	1	2%
臨床試験登録番号誤り	1	2%
利益相反記載漏れ	1	2%
	43	100%

表9-4に訂正の理由をまとめてみた。多くは本文中の文字、数字、表記の誤りを知らせるものであり、訂正理由の40%を占めた。図表の誤記載による訂正は14%になった。著者に関わる訂正理由には、著者名の加除、順序変更、誤記などがあり、これらはケアレスミスではなく放置できるものではない。著者名の姓と名が逆であったり、連絡責任著者を変更したり、共著者を追加したり、反対に著者リストから撤回するなど、重大な訂正が著者欄で発生している。所属欄の訂正は12%、表題の訂正も1件あり、企業との金銭関係の記載もれといった利益相反問題も1件起きている。

訂正記事の分析を通して、撤回にはいたらないものの、重大な誤りが発生している実情が見えてきた。また、2015年に起こったPubMedの訂正記事の急激な増加が、オープン・アクセス誌からの報告数の増加によることが判明した。誠実に報告義務を果たしているともいえるが、十分なピアレビューや、自己点検がなされない論文が受理されるビジネスモデルであってよいのか、公開された多数の訂正記事にはオープン・アクセス誌の課題が示されている。

10章 研究公正局の不正調査手順モデルから学ぶ

アエラ誌からのインタビュー

2014年2月21日の昼、週刊誌アエラから電話インタビューの依頼を電子メールで受け取った。内容は、同年3月3日号に「画像誤用疑惑、調査中」と題され、「リケジョ旋風から一転、新型万能細胞の論文に不自然な画像があると、画像の使い回しの疑いが出てきた。共同研究者らは単純なミスというが」というリードで、理化学研究所の小保方ユニットリーダーらの成果に疑問を表明した記事である。筆者は電話インタビューで、撤回処理や論文審査について説明した後に、以下のように話した。

「きわめて革新的な知見を支えるエビデンスを図示するにしては、ずさんだなという印象をもちました。本来、画像を中心に厳しい審査がされるべきだった。小保方博士だけでなく、所属機関やネイチャー側も発表を急いでいたのでは」と。まだ、十分な材料がなかったが、著者らが自分たちのミスを小さく見せようとする姿は誠実さを欠いており、研究不正事件によく見られるシーンであると感じた。

ヒューマンエラーと研究環境を問う

ＳＴＡＰ論文の発表は、２０１４年1月30日号のネイチャー誌であり、２週間後にはネット上で不正論文への疑念が専門家の間から出された。トップ研究所の演じた派手な広報活動は、研究室のピンクの壁や、割烹着姿の研究者など、マスコミを沸かせる話題となった。そして、1年近くが過ぎ、２０１４年12月25日の桂勲調査委員会による調査報告（桂報告）が提出され[1]、２０１５年２月10日、関係者の処分を発表し、ＳＴＡＰ細胞事件は幕を閉じようとしていた。処分は、所属組織が異なっていたり、すでに退職したりしていて、厳しい措置はなされていない。ユニットリーダーの退職は受理せず、（検証が終了した後に処分を決定することでよいはずであるが）厳しい懲罰は適用しないという意向である。筆者は、マスコミとの議論のなかで、論文の撤回、研究不正の定義、米国の研究公正局、そして不正と悪意をめぐる誤解などについて、できるだけ正確な情報を提供するよう努めた。

発生から1年が過ぎ、科学的な検証が終わり、今後はヒューマンエラーと研究環境について、分析がなされるものと考えていた。桂報告では、「不正防止が大きな流れになるためには……「研究における責任ある行動」ないし「研究における公正さ」という観点から、より広い視野で研究者倫理を考え、教育を行う必要がある。そこで基礎となるのは、論文のインパクトファクターでも、獲得研究費の額でも、ノーベル賞の獲得数でもなく、自然の謎を解き明かす喜びと社会に対する貢献である」とまとめのなかで述べられていた。科学的な解明の後、何をなすべきかが提言されている。

アエラ誌の2015年2月23日号に、「科学的な事実は詳しく明らかにされたが、不正にいたった動機や共著者間の関係性、人間に焦点をあてた追及は少なく、今後の対策に生かすチャンスを閉ざした」との筆者の答えが掲載された。事件から学び、教育プログラムの開発や研究環境の改善など、科学界を主導することが期待されたはずである。

2004年の理研事例

筆者は2002年に『科学者の不正行為』（丸善）を出版したが、当時の日本では、研究不正は研究競争の激しい米国の問題であり、日本ではまれなことであると考えられていた。その空気を大きく変えた事件が、2004年に、日本の生命科学・医学領域を代表する研究機関である大阪大学医学部（10月公表）と理研（12月公表）で起きた。振り返ってみると、理研の事例において十分な検証と反省がなされておらず、10年後のSTAP論文不正への対応に生かされなかったことを実感した。

理研の研究者が血小板の形成に関わる論文（*Genes & Development*, 2003, 17: 2864–2869）データを改ざんしたとされる事件で、筆頭著者のNとラスト著者のTの2名が、内部告発された事例である。その際、指導者としてTがラスト著者になっていたK筆頭の2論文（*Journal of Cell Biology*, 1999, 146: 791–800. Molecular Cell, 1998, 1: 371–380）に関しても告発がなされた。その後、Tが理研を名誉毀損で告発して民事裁判となり、最終的に和解で結審した。当時、この事例の詳細はマスコミ報道などを通して知るだけであったが、告発後1週間で出勤停止と研究室の閉鎖を行い、告発後2カ月で二人を退職に追い込んだ理研の姿勢の厳しさが際立ち、告発された側に十分な反証の機会が与えられたか疑問に思った。

2004年の理研事例の全体像を示すことは難しいが、いかなる対処がなされたのか、時系列的な整理をしてみたい。

2004年

8月4日　研究不正の内部告発（NとTを告発する）

8月11日　予備調査委員会報告提出

8月12日　出勤停止、研究室の事実上の閉鎖

8月13日　本調査開始

第1回委員会（8月13日）

第2回委員会（8月16日）　Nヒアリング（1時間）

第3回委員会（8月20日）　Tヒアリング（1時間30分）
第4回委員会（8月23日）　Kヒアリング（1時間30分）
8月25日　調査報告書提出
9月30日　T自己都合退職
10月　　N自己都合退職
12月24日　マスコミへ公表、記者発表「独立行政法人理化学研究所の研究員による研究論文不正発表について」、「不正行為に対する理事長の所見」(2)

この対応処理は、一般的には考えられない迅速さである。研究公正局のモデルでは、予備調査に1カ月、本調査に2カ月、合計3カ月が望ましいとし、以下のような事務フローとタイムテーブルを提案している(3)。

①告発受付
②初期調査
③控訴・不服申し立て
④公式委員会の開催
⑤公式調査
⑥調査の終了
⑦懲罰委員会への勧告

⑧調査結果の公表

＊①から③で1カ月（30日）、④から⑧で2カ月（60日）

２００４年の理研事例では、予備調査に7日、本調査に13日の合計20日間で、報告書は不正の結論を得ていた。予備調査段階で行われるべき控訴や、不服申し立ての場や時間が、確保されていたのだろうか。本調査段階で、告発されたＮへのヒアリングは1時間、Ｔへは1時間30分であり、２回目のヒアリングは行われていない。予備調査が終了し本調査の必要性が提言された翌日、すぐに出勤停止と研究室の閉鎖がなされた。

研究公正局の調査モデルから見る

研究のミスコンダクトを監視し調査している研究公正局では、ミスコンダクト調査を行う際の手順を定めている。そのモデル案から今回の事例を考えると、いくつかの基本的な事項で対処が行われておらず、不正を告発された研究者が、不利益を被った可能性がある。研究所内での告発調査の実施にあたり、適切に対応がなされたか検証されるべきである。

控訴は確保されたか

告発された側が訴えに対して不服を申し立てられる時間と場を与えたか。研究所内で、控訴委員会を組織し対応したか。研究公正局では、各研究機関が不正調査の申し立てを受ける窓口部署や担当する理事や委員会を組織しておくだけでなく、告発された側が不服を申し立てることのできる控訴委員会を組織することで、告発された側の人権を保護するよう要請している。例え、控訴委員会が研究所内に組織されていなかったにしても、研究所側は、控訴の時間と場を用意すべきであり、そうでなければ、公正かつ民主的な不正調査とはいえない。

調査結果の全体を十分説明したか

ミスコンダクトの調査結果をめぐり、告発された側へ、十分な説明がなされるべきである。ミスコンダクト調査は、懲罰という要素より、教育的な側面が重要である。告発する側とされる側、そして調査する側が、ミスコンダクトが起きた問題の所在を明確にし、今後の再発を防止し、ともに研究環境の改善に努めることを確認するプロセスであるべきであろう。関係者の同意を基本とし、一方的な処罰はできるだけ避ける努力が必要である。ミスコンダクトが発生するのは、個人の資質よりも、研究のプレッシャー、競争主義的な研究環境、協調性のない組織、成果至上主義など、研究環境の劣悪さに起因している事例が多いだけに、調査する側は自らの組織運営などに問題が無かったか検証するチャンスとして対処すべきである。

公表内容に同意するか、反論を確保したか

調査結果を公表することは大切である。ただし、本来的には、告発された側が、ミスコンダクトを認め公表するか、ミスコンダクトを認めない場合は反論が掲載されるべきである。意図的なミスコンダクトか、一般的に見られる誠実な誤り（honest error）なのか、判断が難しいだけに、告発された側の人権に配慮した対処が必要である。日本では、ミスコンダクト調査の経験も少なく、米国の研究公正局の活動も十分理解されていない。誤った告発や人を陥れるための告発への対応処置を制度化しておかないと、民主的な組織としてはみなされないだろう。調査結果の公表は、今後の防止と、倫理教育資料として利用されるべきであり、人権へ配慮しながらも情報開示へは前向きに対応する必要がある（図10−1）。

なお、最終報告書への記載内容は、以下のような事項が求められている。

①委員会の構成メンバー
②告発概要（告発された人の氏名・所属、ミスコンダクト内容を含む）
③対象研究助成
④ミスコンダクト調査概要
⑤関係者のインタビュー要約
⑥調査の正当性を明確にする証拠記述
⑦被告発者の最終コメント（謝罪を含む）

図10-1　研究公正局による不正調査報告書：日本人研究者例
Freedom Information Office, Public Health Services, USAより公開請求に基づき入手。告発者に関する部分を除き、ほとんど開示される

⑧告発者からのコメント
⑨結論（個人の問題だけでなく、研究環境・組織の問題や指導研究者の責任も指摘し、予防についても言及する）
⑩最終報告書にもとづき罰則を勧告する
・学内外研究助成への応募制限
・学内人事や給与面での対応
・当該研究助成金の返金

2004年事例への疑問

2004年の事例では、対処を急ぐあまり、告発された側に不服申し立ての機会を与えず、委員会は十分な聞き取りをしないまま、そして調査結果を十分説明せず、厳しい措置を実行しているように思える。不正を申し立てられ、それが立証されれば、研究者としての道は閉ざされることを甘受しなければならないが、不正に関与した疑いや管理責任上だけで、研究者生命を奪うような懲罰的な措置がなされることは適切ではない。

表10-1　告発された３論文の著者

誌名	巻・頁	筆頭著者	ラスト著者
Genes & Development	17：2864-2869	N	T
Journal of Cell Biology	146：791-800	K	T
Molecular Cell	1：371-380	K	T

出典：PubMed

表10-2　告発された３論文の運命は？

誌名	調査委員会の判断
Genes & Development	異なるデータを使用、改ざん：不正撤回
Journal of Cell Biology	切り張り、付け替えなど改ざん：不正撤回
Molecular Cell	改ざん：不正撤回

誌名	著者らの意見
Genes & Development	不正撤回でなく訂正
Journal of Cell Biology	不正撤回
Molecular Cell	不正撤回

誌名	掲載誌の正式対応
Genes & Development	Errata（訂正）で処理
Journal of Cell Biology	不正撤回：実験データの改ざん
Molecular Cell	訂正も撤回もなし

不正対象3論文の運命

不正告発の対象になった3論文（表10-1）ついて、理研調査委員会の判断、著者らの考え、そして3論文の掲載誌編集委員会の対応などを整理してみると、最終的な判断がまとまっていないことに気づく（表10-2）。告発された時点で、3論文とも改ざんがなされているとみなされ、著者らに論文の撤回を求めていた。筆頭著者のNは、改ざんをみとめたが、その他の実験は正確に行われ論文の結論に影響しないので、撤回でなく訂正として対応して欲しいと調査委員会で述べていた。*Genes &*

Development 誌は、「論文で示されたデータは、正しく再現性もあり、そして結論はエラーに影響されない」と判断し、「Errata（訂正）」通知を掲載し論文は撤回されなかった。掲載誌編集者は不正とはみなしていない。

Kが筆頭の2編は、調査委員会で改ざんと判断され、１９９９年の*Journal of Cell Biology* 誌の論文は「実験データの改ざん」を理由に「撤回（Retraction）」された。不正調査委員会、著者たち、そして編集者の意見がそろった。しかし、１９９８年の*Molecular Cell* 誌の論文は、改ざんを理由に撤回されていると思っていたが、実際には撤回も訂正もされていなかった。Kが、編集委員会へ何らかの理由で連絡を取らなかったのだろうか。改ざんされたデータによる不正論文が、識別されること無く科学界に放置される状況は避けなければならない。掲載が6年前と古いからなのか、海外の共著者の了解が得られなかったからか、詳細は不明である。不正論文や誤りを含んだ論文は、個人の問題ではなく社会でコントロールされるべきであり、関係者は広い視点で対処し、解明する必要がある。撤回をめぐる3論文の対処に違いがあり、科学的な検証とともに、対応手順の適切さについて、この事例から学ぶことは多い。

日本人例を中心に

米国の研究公正局の研究不正事例報告を、日本人例を中心に読んだ経験からすると、不正調査は、研究者を罰するためでなく、もう一度やり直すチャンスを与えることを目的としていると感じた。研究不正の調査は、教育プロセスとしても位置づけられているのである。調査にあたり、告発内容を十分に説明し、控訴や弁明の機会を確保することは、事実解明につながるだけでなく、研究者を取り巻く状況の厳しさと研究環境の劣化に気づかされる。

11章 同等の寄与は受容されるか

はじめに

最近、論文の脚注などに、「同等の寄与（equal contribution）」という表現を目にすることが多くなった。これまでは、最も多く寄与した人をトップ著者とし、以下寄与順に著者名をあげ、最後に研究プロジェクト全体をまとめた人をラスト著者（保証者）として記載するのが、一般的な著者の並べ方である。学術研究の多くが単独でなされていた場合は、著作者を問うことは少なく、ゴーストライターの介在が問題となるだけである。自然科学領域では、多くの専門家の協力のもと、共同研究が増加し、結果として多数著者論文が多くを占めるようになった。しかし、全員が納得できる順番をまとめるのは、困難性をともなう。そして、この著者数の増大は、実際の寄与の無い人を著者に入れるギフト・オーサーシップが入り込みやすい環境ともなる。

同等の寄与について、具体例をあげよう。論文の本文末に位置する著者情報（author information）

欄や著者の寄与内容（author's contribution）欄に、「Both authors have equally contribution in conducted studies and manuscript preparation. The final manuscript has been read and approved by both authors」などと記載されている。また、ネイチャー誌の２０１６年1月7日号の１１０頁から始まる論文の脚注には、「These authors contributed equally to this work」と注記されている。なお、ネイチャー誌をはじめ、ネイチャー名を冠したジャーナルでは、同等の寄与として特定できる共著者数に上限を設定し、1論文あたり６名までを許容している[1]。

同等の寄与とは

研究者の評価には、インパクトファクターの高い雑誌や名声のある専門誌に、筆頭著者としてどれだけ論文を発表しているかが求められる。助成金の獲得、昇進や新しいポストへの転進にあたり、一流誌への筆頭論文数は重要なアピールになる。いわゆる「publish or perish（発表するか死か）」という言葉が示すように、自らの寄与が著者名リストにどう表記されるか、大いなる関心事となる。生命科学領域では、ICMJE Recommendations（旧 Uniform Requirements）のオーサーシップ定義が標準として認識されているが、寄与が等しいと明記されていない。2名による共著の場合、寄与に差が無いこともありえるので、同等の寄与である旨を示すことは、第二著者になった研究者の不満を軽減するための現実的な対応といえる。なお、同等の寄与である旨を示すことは、*JAMA* 編集委員のレニーが提案した、研究への寄与内容を具体的に記載するコントリビューターシップの考え方[2]に沿ったものでもある。

しかし一方で、医学生命科学領域で最も重要なデータベースであるPubMedは、出版論文における同等の寄与の重要性を認めると表明してはいるが、現時点ではデータベースの文献レコードに同等の寄与を示すことは行っていない[3]。また、米国国立医学図書館は同等の寄与の注記が存在するかどうかにかかわらず、出版された論文に記載された順序で著者名データをPubMedに入力している。米国国立医学図書館の役割は正確に記録することにあり、オーサーシップをめぐる仲裁ではないとケイペルは述べ、同等の寄与の適用にあたっては、公正でなければならないと提言していた[4]。著者側の思惑で著者の順番を変えてしまうような事態が起きていることに対して、批判的な意向を示しているのではないだろうか。

主要誌を対象にした調査

同等の寄与について、PubMedを用いて、実態を調査した論文を検索すると、6件の記事が得られた（2017年4月現在）。2010年に刊行されたAkhabueらによる五大総合医学雑誌を対象にした論文が[5]、初期の代表的な調査であろう（表11-1）。Akhabueらに続き、2012年のワングらによる救急医学領域の調査[6]、2013年のドッソンらによる主要薬学誌調査[7]と、リーらの麻酔領

表11-1　同等の寄与の出現

著者（刊行年）	対象領域	調査年・期間	出現率
Wang (2012)	救急医学主要4誌	2001–2010	4.4％
Jia (2016)	脊椎主要3誌	2004–2013	2.9％
Lei (2016)	公衆衛生学主要5誌	2004–2013	2.8％
Dotson (2013)	薬学主要3誌	2012	2.5％
Akhabue (2010)	5大総合医学誌	2000–2009	2.2％
Li (2013)	麻酔主要3誌	2002–2011	2.1％

表11-2　五大総合医学誌における同等の寄与の出現率

誌名	2000–2009年平均出現率	2009年出現率
NEJM	4.4％	8.6％
Lancet	2.7％	3.6％
JAMA	2.3％	7.5％
Annals	1.6％	3.8％
BMJ	0.5％	1.0％

Akhabue（2010）のTable1を簡略化

域の主要誌を対象にした調査[8]がなされ、そして２０１６年の脊椎領域[9]と公衆衛生学[10]の主要５誌を対象に実態が明らかにされた。対象年度に違いはあるが、平均出現率は２％を超えており、同時に増大傾向にあることが示された。表11-2を見ると、*New England Journal of Medicine*の２００９年出現率は８・６％という高い数字を示し、*Journal of the American Medical Association*誌も７・５％まで増加していた。なお、いずれの調査も原著を中心に研究論文を調査対象としており、解説や手紙欄などは除外されている。

同等の寄与は、主に筆頭著者と２番目著者の２名（First two authors）間で見られる現象であり、Akhabueらの調査で同等の寄与が示された全論文のなかで、63・７％（５誌平均）がこのパターンで占められていた（表11-3）。ところが、共著者の全員が、すべて同等の寄与であると宣言する事例も出現するようになった。五大総合医学誌を対象にしたAkhabueらの調査で、同等の寄与と認定された著者を含む論文を対象に、同等とされた著者数の中央値と範囲（range）が識別されていた。五大誌で同等の寄与の著者を含む論文グループの中央値は2名であるが、範囲は広くランセットで23名にのぼり、*JAMA*で14名、*BMJ*で12名、*NEJM*で10名、そして*Annals of Internal Medicine*で4名になっていた。当初は2名共著の関係のなかで同等の寄与が明示されていたが、新しい年ほど範囲が広がってきた。筆頭著者と同等の寄与をする多数の共著者の出現は、筆頭著者のインフレーションとみなすことができ、業績の水増しになる。

同等の寄与があると明示された著者について、その所属先住所から地域別分布をまとめた（表11-4）。同等の寄与という視点の広がりが、地域や分野から違いがあるだろうか。脊椎研究の主要3誌の事例ではアジアが67・7％を占めていたが、その他の3調査ではヨーロッパが1位と北米を抑えていた。なお、脊椎誌でもヨーロッパと北米だけで比較すると、ヨーロッパが北米よりも高い比率であった。オーサーシップをめぐる背景として、多数著者論文の増加とともに、ヨーロッパを中心とした国際共同研究の活発さが特徴と

表11-3　First Two Authorsの占める比率

誌名	2000-2009年平均出現率
Annals	86.2％
Lancet	64.4％
JAMA	63.8％
NEJM	59.6％
BMJ	56.5％
5誌平均	63.7％

注：同等の寄与が筆頭から2名に与えられた比率
Akhabue（2010）のTable2を簡略化

して見られる。国際的な研究活動にあっては、研究の分担や実行にあたり、さまざまな価値観が衝突する可能性があり、寄与内容を明らかにすることがより一層求められる。

同等の寄与が、一般的な執筆スタイルとして広がっているのは、業績評価にあたり著者の都合に沿ってうまく展開できる点や、自身のプロモーション活動に有利な印象を与えられるからである。

業績の水増しと改ざんによる流通の混乱

同等の寄与にあげられた論文を、研究者の業績リストに加える際や、引用文献に記載する時に問題が発生している。筆頭著者でないが同等の寄与宣言を行った論文を、自分をトップとした著者順に変更して業績リストに登録する事例が存在するという。この筆頭著者数の水増しにより、トップジャーナルや高インパクトファクター誌の論文を中心に、筆頭著者のインフレが発生する。また、「誰々のネイチャー論文」といった識別に乱れがおき、著者順の異なる同一内容の論文が発生し情報流通を阻害する。引用データを基礎にした索引データベースは、論文の被引用回数を正確に数えることが難しくな

表11-4　同等の寄与が明示された論文著者の地域別分布：4調査から

地域	Wang (2012) N=456 救急医学主要4誌	Li (2013) N=232 麻酔主要3誌	Jia (2016) N=288 脊椎主要3誌	Lei (2016) N=152 公衆衛生学主要5誌
ヨーロッパ	53.9％	46.6％	17.7％	41.2％
北米	30.0％	25.4％	11.8％	32.2％
アジア	12.3％	28.0％	67.7％	24.3％
その他	3.7％	−	2.8％	2.0％

る。さらに、研究者の文献入手にあたって、著者順の異なる同一論文の出現に悩まされるだろう。

同等の寄与を明らかに示したにしても、自分の著者順をトップに変えて引用し、文献リストに記載することも改ざんである。２０１１年に明らかにされたスコット・ウエバー事件[11]で示されたように、他者の論文を盗用し自分の論文として発表するにあたり、ウエバーは引用文献の発行年を近年に書きかえた。理由は、盗用し自分の論文としたものが、最近の記事を引用しているように見せかけるためであった。最新の研究動向に基づいたレビュー論文や、現在の研究成果を取り上げたカレントな論文であることを、読者に印象づけたかったのであろう。

研究のミスコンダクトが、「ねつ造、改ざん、盗用」（ＦＦＰ）であることはよく知られている。しかし、文献リストや業績リストにおいても不適切な記載が見られ、これらもミスコンダクトに該当する。PubMedをもちいて、応募・申請時の不正行為に関する論文を、「job application」と「scientific misconduct」を満たすものとして、MeSH 用語で探すと、19件が検索された。レジデントプログラムやフェローシップへの申請書類である履歴書や業績リストに、改ざんを中心としたミスコンダクトが発生しているのである。なかには、架空の論文をねつ造したり、著者の記載順を自分の有利になるよう変えたりする事例も見られる。同等の寄与を理由に、著者順を変えることは、学術論文の流通を混乱させるものであり、発表論文の改ざんに相当する。

Association of Anaesthetists of Great Britain & Ireland の機関誌である *Anaesthesia* 誌は、同等の寄与を認めていない数少ない雑誌の一つである。同誌の著者ガイド[12]によれば、次の言葉が記載されている。

Please note that statements such as 'Author XX and Author YY both contributed equally to this work' are not used.

批判的な視点

同等の寄与を理由に、本来一人であるはずの筆頭著者が、複数名以上存在することを「first co-authors」と呼んでいる。この事態を、批判的に問題提起をしているのがモスタファである[13]。「科学的な知見、アイディア、成果は、計量できるものではない。さらに共著者各々の寄与を定量化し比較することのできるようなアルゴリズムや寄与モデルも存在しない。むしろ、寄与と著者順は論争の種子であり、衝突と苦情の源泉になっている」と、寄与についての原則を確認し、オーサーシップをめぐる困難な現状を指摘している。この状況下で、同等の寄与という主張を支えている業績主義的な考え方を批判し、問題の所在を明らかにしている。「同等の寄与は、学術世界での最終目標を獲得するための策略である」とまで厳しい。「一流誌の筆頭著者になる近道は、同等の寄与にクレジットされることであり、一編の論文から多数の筆頭著者を生みだし、著者の不満にも応える便利な考え方である。研究プロジェクトへの寄与や役割の定量化が難しいなかで、それらを曖昧なままにしても、同等の寄与が普及する秘密があったのである」と述べた。「著者は、研究の実行においてだけでなく、執筆と伝達にあたっても公正で道理をわきまえたものでなければならない」と結論づけた。

科学界の合意形成へ向けて

今後、科学界が同等の寄与を許容することは誤りとはいえないが、それを業績の水増しに利用してはならない。オーサーシップをめぐり、倫理的でない行いが常態化している現状のなかで、反省を欠いた展開になる。PubMedやICMJE Recommendations、Council of Science Editors、主要な論文執筆書などからも、同等の寄与への賛同の声が上がってこない。同等の寄与を導入することには慎重であるべきであり、研究業績評価のあり方とともに科学界での十分な討議が求められる。「倫理的公正さは科学研究の基礎である」[14]だけに、学術情報の生産にかかわる関係者による合意が形成されるべきである。

Ⅴ部　歴史を振り返って

研究不正は古くから存在し、不正との闘いに生涯をささげた人もいた。１８２３年に創刊された医学誌ランセットは、不正に満ちた医療界の膿を切開する小刀を意味している。創刊者ウェイクリーは、外科医、検死官、議員と多彩な顔をもった社会改良家であった。米国の独立宣言書に署名をした著名な医師であるラッシュと弟子のコールドウェルの盗用をめぐる確執、フィロソフィカル・トランザクションズ誌（王立協会誌）でのジェンナーの種痘論文への不適切な対応など、歴史を振り返り、発表倫理の視点から考察する。

12章 ランセット誌の発刊と社会改良家トーマス・ウェイクリー

ランセット誌とは

誌名が瀉血用の小型ナイフを示すランセットは、19世紀初頭に専門分野として認められてきた外科領域の総合誌として、1823年トーマス・ウェイクリー（Thomas Wakley, 1795-1862）によりロンドンで創刊された（図12-1）。今日では、学術雑誌を表す言葉として、「journal」が一般的であるが、当時の医学雑誌の誌名には、「acta」「bulletin」「proceedings」「transaction」など、会の記録を意味する言葉が使用されていた[1]。主な出版母体は著名な病院であり、刊行頻度は年刊が多く、迅速な情報や知識の伝達よりも記録性を重視していた。ランセットは、その

図12-1　トーマス・ウェイクリー
出典：National Library of Medicine, Digital Images

誌名から見ても個性的なタイトルであり、英国の医学・医療界に発生した膿を切開することを目指したものである。当時、医療は適切な規制がなされておらず、質の悪い診療が行われており、偽医者（quack）が広く受容されていた。そのうえ、病院や医学校のポストは開かれておらず、血縁や縁故による採用が一般的であった[2]。

ランセットという誌名が外科医の用いる瀉血用の小刀を示すと同時に、教会の窓のスタイルに「lancet window」があることから、ランセット誌を、世界に開かれた窓として、読み取ろうとする考えも存在している[3]。刊行頻度は週刊であり、記録よりも伝達を重視した「週刊医学新聞」と呼ぶのが適切である。

DNB (Dictionary of National Biography) によれば、創刊者のウェイクリーは、西イングランドのデボン州メンベリーの自作農家に、11人兄弟の末っ子として生まれた。グラマースクールに学び、薬種商（apothecary）での徒弟修業をへて、1815年ロンドンへ出て聖トーマス病院と、連合聖トーマス・聖ガイ病院で本格的に学び、1817年王立外科学会（Royal College of Surgeons）の会員になった。そして、1820年に、ロンドンの富豪であるグッドチャイルド家のエリザベスと結婚した[4]。

ウェイクリーの碑銘板

ロンドンを歩いていると、ブルーの丸い碑銘板の存在に気がつく。歴史的人物を顕彰するブルー・プラーク（The London Blue Plaque）であり、市内に約９００点が設置されている。[5] ウェイクリーのブルー・プラークは、ランセット発刊初期の住居であったベッドフォード（Bedford）・スクエアの35番に掲げられていた（図12-2）。碑文には、最初に「REFORMER」、次に「founder of "The Lancet"」と記載されていた。このブルー・プラークの他にも碑銘板はあり、街の変遷や歴史上の人物として顕彰している。ウェイクリーにしても、生誕の地であるメンベリー（Membury）の教会（図12-3）、死後に埋葬されたケンゾールグリーン墓地（ロンドン）、そして１８４５年から１８５６年まで住んだハレフィールド（Harefield）パークの住居にも碑銘が

図12-2　ウェイクリーのBlue Plaque; 35 Bedford Square, London
2004年9月13日撮影

図12-3　ウェイクリーが受洗した教会（Parish church of St. the Baptist Membury）に飾られた碑銘版
2004年9月11日撮影

あった。[6] そこに記された肩書や呼称、その順番から、人々がウェイクリーをどのような領域で活躍した人物としてみなしていたのかが読み取れる（表12-1）。分析を通して、「editor」がトップにあげられることはなく、「social reformer（社会改良家）」が2件、「coroner（検死官）」1件という結果が示された。「Member of Parliament（下院議員）」を含め、編集者以外の人物像が、碑文には記されていた。産業革命後の英国社会の大きな構造変化のなかで、ウェイクリーが、多様な領域で活動していたことがわかる。特に、社会改良家の呼称は、着目されるべきである。なお、メンベリーの教会の碑銘版には外科医がトップで示されていた。故郷の人々にとっては外科医の呼称がふさわしいものであったのだろう。

社会改良家

ビクトリア時代と呼ばれた19世紀の英国は、繁栄がもたらされた一方で、その影の部分が露呈した。ウェイクリーは外科医として社会に寄与する道でなく、議員、検死官、ランセット編集者という仕事を通して、病んだ社会の治療をすることにした。こうした社会改良家（social reformer）が、さ

表12-1　碑文に示された呼称・肩書

場所	reformer	editor	coroner	MP	surgeon
メンベリー教会	○	○	○	○	◎
ケンゾールグリーン墓地			◎	○	
ハレフィールドパーク	◎	○			
ベッドフォード・スクエア	◎	○			

◎は碑文のトップにあげられた呼称・肩書

まざまな場所に出現したといえる。

図12-4を見てもらいたい。ここにあげられた人々に共通するものは何であろうか。経済学のマルクス、文学者のディケンズ、看護のナイチンゲール、そしてウェイクリーである。19世紀のロンドンを舞台に、階層や分野の違いを超えた「社会改良家」という共通項が見えてくる。

ウェイクリーは、ランセット誌の発刊にあたり、その2年前の1821年に、改革派ジャーナリストであるウィリアム・コベット（William Cobbet, 1763-1835）と会い、相談をしている。[7] コベットは、1802年にウィークリィ・ポリティカル・レジスターを刊行し、1820年にはイブニング・ポストを日刊で発行していた。彼のウェイクリーへの助言は、医学・医療の世界を改革

マルクス
1818-1883

ディケンズ
1812-1887

ナイチンゲール
1820-1910

ウェイクリー
1795-1862

図12-4　19世紀英国の代表的な社会改良家
出典：Wikipedia（ウェイクリーは図12-1同様）

図12-5　19世紀の偽医者ジョン・セントジョン・ロングの墓
ロンドンのケンゾールグリーン墓地にて　2004年9月撮影

するために、「週刊医学新聞」の創刊を勧めるものであった。また、アメリカからも支援と賛同が寄せられていた。1812年にはボストンで創刊された*New England Journal of Medicine and Surgery*誌の編集メンバーであるウォルター・チャニング（Walter Channing, 1786–1876）が、何の予約もなしに大西洋を越えて会いにきた。チャニングは、1823年5月にロンドンでランセット誌の刊行についてウェイクリーと話し合い、ウェイクリーに助言を与えるだけでなく資金援助も行った(8)。社会改良家の信条を共有する人々が、国を超えて連携していた。

偽医者

振り返ってみると、筆者は2004年頃から19世紀英国の医学ジャーナリズムをテーマに、現地調査を行ってきた。[9][10]調査ノートによれば2004年の9月14日、ウェイクリーが埋葬されているケンゾールグリーン墓地の地下墓地（catacomb）での調査を終えた時であった。墓地の案内人から、近くに偽医者のジョン・セントジョン・ロングの大きな墓があるのを教えてもらった（図12-5）。ウェイクリーの批判対象となっていた人物である。忘れられたようなウェイクリーの暗い地下墓地と比べ、ロングの墓の立派さは何を示しているのだろうか。[11]

ロングは、1797年アイルランドの貧しい家庭に生まれ、肖像画家として働き、1822年にロンドンへやってきた。[12][13]1827年から解剖と塗り薬に関するわずかな知識をもとに、肺結核を専門に治すことのできる救済者であると名乗りをあげ、患者を診るようになった。ロングの処置は、彼の製法による秘薬を吸入させ、さらに患者の背中や胸に刷り込むものであった。5日から10日、処置は毎日行われ、炎症と痛みが大きくなることで、結核が患者の体内から消失すると説明していた。痛みには痛みを、熱には熱をというホメオパシー（同種療法）と同様の考え方である。しかし、ロングの処置で、重篤な感染症が起き死亡させる事例が発生した。結核を患った娘と、相談に来た健康な母親とを死にいたらしめたのである。殺人事件として刑事責任を問われたが、ロングを賞賛する証言もあり、わずか250ポンドの罰金を請求されたに過ぎなかった。その後、同様の事例を起こしながらも、証拠不十分で無罪となった。

1834年に、ロング自身が結核に感染し、35歳で死去した。彼は自ら開発した刷り込み治療を拒絶していた。おそらく、刷り込みによる痛みと苦しみに耐えられないことを知っていたからであろう。墓には、治療に成功した患者らによりロングを顕彰する碑銘が掲げられ、葬られたのである。
現代の歴史家によれば、偽医者に対し、「quack」という言葉の使用を避ける傾向にあるという。「unorthodox」や「irregular practitioner」という表記が適切であるとしている。「quack」には、アヒルなどが「クワッ、クワッ」と鳴く様子が表現されている。18、19世紀に言及する際、蔑称に近い表現はできるだけ避けることが求められるようになった。当時、公式な医学教育や規制、免許は確立しておらず、水療法やホメオパシーは、非正統的医療（irregular）だけでなく正統的医療（regular）を標榜する医療者によっても臨床で利用されており、両者に大きな違いが存在しているとはいえない[14]。それだけに、非正統的な医療のすべてを偽物として否定することはできないのである。

ニセ薬の成分を伝える

「ニセ薬の組成と配合（Compositions of quack medicines）」というコラム（図12-6）が、1823年10月5日号（Vol.1, No.1）から1823年12月28日号（Vol.1, No.13）の間で4回掲載されていた。例えば、Scot's Pillsについて、創刊号に次のように記載されていた。

Scot's Pills—バルバドスのアロエ1ポンド。黒いクリスマスローズの根、ヤラッパの根、カリウム［化］など各々1オンス。アニスの実（油）少々。十分な量のシロップ。

ここにあげられたニセ薬の組成と配合を見ると、誌上で糾弾するためではなく、当時使用されていた実際のニセ薬の組成と配合を示すことで信頼に結びつけようとしたコラムであったことがわかる。また、ニセ薬がすべてにおいて有害であり偽物であるのではなく、貧しい人々が受容できる安価な薬物とみなし、成分を明らかにすることで、薬効や安全性の評価につなげられると考えたのではないだろうか。今日のランセットも薬剤情報（副作用）の掲載に力を入れていることと関連している。

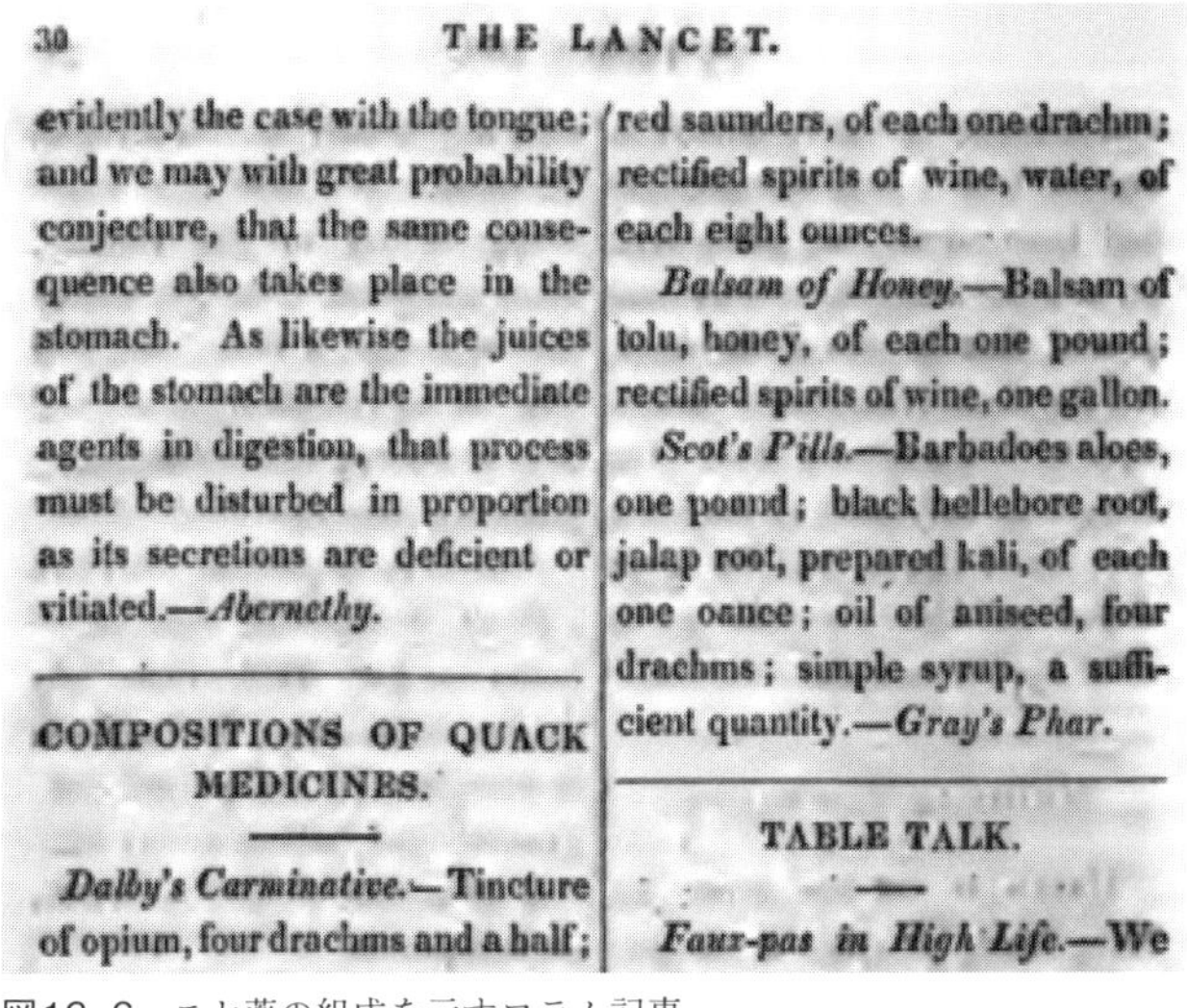

30 THE LANCET.

evidently the case with the tongue; and we may with great probability conjecture, that the same consequence also takes place in the stomach. As likewise the juices of the stomach are the immediate agents in digestion, that process must be disturbed in proportion as its secretions are deficient or vitiated.—*Abernethy.*

COMPOSITIONS OF QUACK MEDICINES.

Dalby's Carminative.—Tincture of opium, four drachms and a half; red saunders, of each one drachm; rectified spirits of wine, water, of each eight ounces.

Balsam of Honey.—Balsam of tolu, honey, of each one pound; rectified spirits of wine, one gallon.

Scot's Pills.—Barbadoes aloes, one pound; black hellebore root, jalap root, prepared kali, of each one ounce; oil of aniseed, four drachms; simple syrup, a sufficient quantity.—*Gray's Phar.*

TABLE TALK.

Faux-pas in High Life.—We

図12-6　ニセ薬の組成を示すコラム記事
出典：*Lancet* 1(1)(1823):30.

ウェイクリーの多忙な1日

ウェイクリーの多忙な日々が具体的に紹介されたのは、2016年のクライヴ・ウェイクリー(Clive Wakley)による論稿であり、編集者、議員、検死官としての働き振りが示されていた[15]。

朝8時、ウェイクリーはすでにランセットの編集オフィスに到着しており、朝食をとった後、「読者からの手紙」への返信を書く。その日の検死予定を整理する一方、実際の検死を9時に開始するまでにランセット掲載記事の編集をする。検死のかわりに論文や記事を書くこともあった。昼食は、検死現場を検分するために馬車で移動する間に済ませる。検死官としての業務を終えた彼は、議会の委員会へ出席したであろう。午後6時、編集オフィスに戻り、そこで彼は検死報告を書きあげ、移動中のメモを整理し、ランセットの編集を行った。改革派クラブかベッドフォード・スクエアの自宅で夕食をとり、その後に下院へ向かった。議会から自宅へ戻るのは、しばしば深夜に及んだ。ベッドに就くまえに、彼に関係する「読者からの手紙」欄の編集を終了させなければならなかった。

毎日15、16時間を仕事に投入し、60から70マイルを馬車で移動し、10編前後の検死調書をまとめ、いくつかの議会委員会へ出席して法令の制定に尽力した。驚くことに、ウェイクリーは12年間にわたり、毎週6日、このペースで働いていたのである。検死官や議員として、ウェイクリーの仕事量の多さと多彩さを知るにつれ、一人の人物像を総合的に捉えることの難しさを理解できた。ウェイクリーには、対立する人も多く、それだけに正当な支持を得られなかったともいえる。

ウェイクリー・ストリートの起こり

ウェイクリーやランセットについての文献を集めてきたが、ウェイクリー・ストリートについて言及しているものは少ない。19世紀には、ロンドン郊外の労働者向きの住宅街とでも呼べる場所であり、ウェイクリーと、どのように関連しているのか明確にできなかった。ランセット創刊170年の1993年に、ライターで写真家でもあるジャフェ（Jaffe）[16]が、ロンドン市内のウェイクリーの事跡とウェイクリー・ストリートを訪れ、1頁の記事を同誌に発表している。イングランドで初めての外科医の検死官として、専門的な知識をもとに科学的な検死を行ったことなど、ウェイクリーの偉大さが十分に社会に認められていないことに気づいた。ウェイクリーの名前を冠したストリートの存在は、人々が忘れられた社会改良家と出会う接点となる。しかし、ジャフェは訪れたウェイクリー・ストリートを、「ゴーストでも出そうな、騒々しく、そして醜悪な通りである」と述べていた。

図12-7　ロンドンのウェイクリー・ストリート

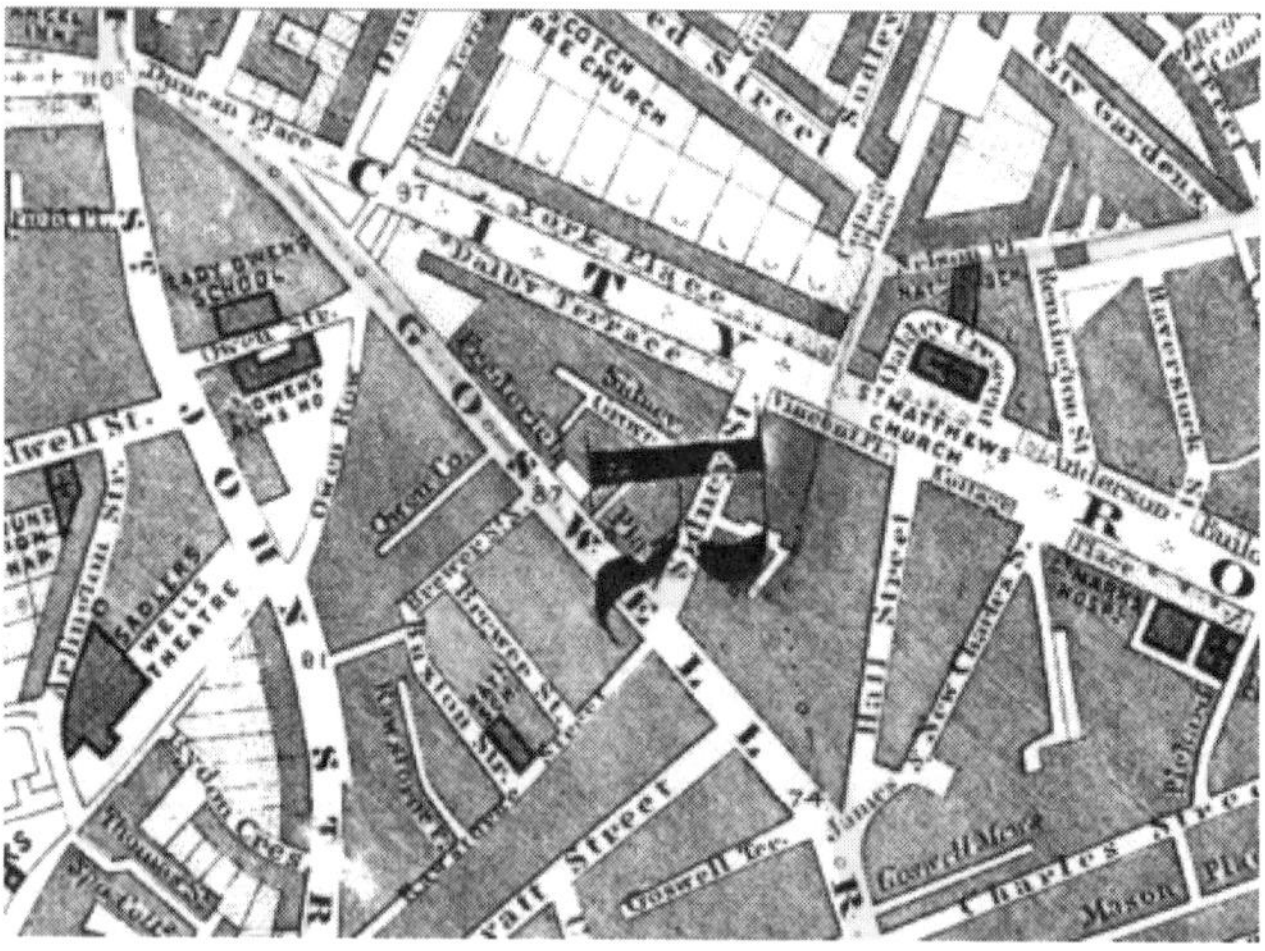

図12-8　地図中央に、現在のウェイクリー・ストリートに変更される前の名前であるシドニー・ストリートが確認できる。
出典：Map of London 1862-1871 (17)

ウェイクリー・ストリートを歩く

少々治安が悪いかもしれないが、実際に通りを歩き、その名の由来を調べることにした。2017年8月、地下鉄エンジェル駅からウェイクリー・ストリートへ向かった。ウェイクリー・ストリートは、シティロードからゴスウェルロードへの一方通行の抜け道であり、長さは120ヤード（約113メートル）であった（図12-7）。道の中間にカツ丼店（Japanese Katsu & Teri-Yaki）があり、そこだけは賑わっていたが、通りは静かであった。ウェイクリー・ストリートを抜けゴスウェルロードをロンドン中心部へ1400メートル南進すると、現在のランセット編集オフィスがあるバービカンセンターにつながっている。

ウェイクリー・ストリートの場所などは、*The Handy London Map & Guide* (Bensons, 2014) などから見つけられる。19世紀のロンドンの古地図（図12-8）で調べてみると、異なる通り名が記載されていた。しかし、手書きされたような字体のためか、判読できなかった。そこで、ウエルカム図書館のレファレンス・ライブラリアン（Harkins）に尋ねると、シドニー・ストリートであること、また20世紀前半にウェイクリー・ストリートへ名称変更されたらしいというGoogleでの検索結果を教えてくれた。さらに、最終的な確認のための資料と専門のガイドとして相応しいイズリントン地域歴史センターのアーキビスト（Melrose）に電話し、訪問の約束までもとってくれたのである。

ウェイクリーの再評価

ロンドン・ストリート名事典によれば、[18]１９３６年5月18日に、シドニー・ストリートがウェイクリー・ストリートに変更されていた。改名の理由はウェイクリーの医学界への貢献に応えるためであった。ウェイクリー・ストリートは、12世紀に創設された聖バーソロミュー病院が所有する土地にあり、病院の管理者に命名の権利があった。病院がその規模を拡張すると所有する土地に住民が増えたため、通りの整備も行った。新しいストリート名には、病院の著名な医師名が付けられることになり、高い評価を得ていたウェイクリーがあげられた。[19]しかし、聖バーソロミュー病院は、ランセット創刊時においてウェイクリーの批判の対象であり、当時の主要な医師であったジョン・アバネシー[20]とは、院内講義記録が承諾なしにランセットへ掲載されたことで対立し、著作権をめぐる係争関係にまで発展していた。そのような経緯から、１９３０年代にシドニー・ストリートをウェイクリー・ストリートへ変更する提案には反対もあった。

ランセットは、創刊号の巻頭に、聖トーマス病院で開催されたアスリー・クーパー（A. Cooper）[21]の外科講義を載せた。クーパーは、当時もっとも名の知れた外科医であり、読者の関心も高く、ランセットの成功に寄与した。この時も、クーパーは自分の講義がランセットに掲載されることを知らなかった。著作権違反であると考えたが、医学界の改革を目指しているウェイクリーの姿勢に共感し、ランセットへの掲載を承諾した。

1936年に、聖バーソロミュー病院の土地に、フィンスベリー地区の下院議員として、またウエスト・ミドルセックスの検死官として医療改革に努めたウェイクリーの貢献を、通りの名に残すことで顕彰しようとする声が、病院評議会で認められた。こうして、シドニー・ストリートはウェイクリー・ストリートに名称を変えた。イズリントンの地域歴史センターに保存されている *Archaeological Deskbased Assessment of Land at 29-30 Wakley Street Islington (Andrew Dufton MSc)* のなかで、「通りは、トーマス・ウェイクリー（1795–1862）の栄誉を祝し改名された。刑務所や救貧院における虐待の現状を検死により明らかにした検死官としての貢献もあり、1835年にはフィンスベリー地区の議員に選出された」と、その改名の理由が記録されていた。

ウェイクリー・ストリートが、20世紀に出現した経緯から、議員や検死官としての寄与や、大病院との掲載記事をめぐる対立などが見えてきた。聖バーソロミュー病院の所有する土地に、ウェイクリーの名を冠したストリート名に変えるのは、ライバルや敵対関係といった過去を超えて、社会改良家としてさまざまな権威と闘ってきたウェイクリーへの敬意を示すものであろう。

創刊時の編集オフィス

ランセット創刊の地はどこか。ウェイクリーの最も信頼できる伝記は、サミュエル・スクワイ

図12-9　ランセット創刊時の編集オフィスがあった場所（210 Strand）
2015年9月4日撮影

ア・スピリッジ（Samuel Squire Sprigge, 1860–1937）によるThe Life and Times of Thomas Wakleyである。[22] スプリッジは、ウェイクリーファミリーに属さない、最初のランセット誌の編集委員長である。その伝記の8章冒頭で創刊号の奥付について、印刷と出版はハチソン（G. L. Hutchinson）であり、編集オフィスはストランド210であると記していた。創刊号を含め、初期の号は増刷されており、印刷と出版がミイード（A. Mead）（ストランド201）によるものもあった。

ストランド210の場所が、なぜ選ばれたのだろうか。現在、その住所には、ダリーズ・ワインバーが店を出している（図12-9）。2015年9月の訪問前に日本から手紙を出していたが、返信はない状況であった。店の人が質問や撮影に協力してくれるか、少し気がかりもあったが、ラッセルスクエアのホテルから歩いていくことにした。

ワインバーの前に立ち、周辺を眺めてみると、通りの向かい側に、教区教会である聖クレモント教会と、さまざまな争いごとを解決する王立裁判所、そして王立裁判所の北側に、外科医の質の維持や教育を主導する王立外科学会があった。ランセットの発行にあたり、この3機関との関係や動静に注意が必要であるだけに、絶妙な場所であることが実感できた。また、出版社や印刷所が軒を並べ、編集者やライターが集うフリート・ストリートも近い。政治の場であるウエストミンスター地区から離れていることも利点かもしれない。発刊の地は、正面から医療の問題と向き合い、広く伝達していくのに最適な場所であった。

ロンドンの古地図

ウェイクリー・ストリートを歩くことと、名前を冠した通りの生まれた理由、そして改名した年月日を明確にすることが、2017年夏のロンドン行きのひとつの目的であった。ウエルカム図書館のレファレンスデスクで、ロンドンの古地図（Images for map of london）に記載されていた読みにくい通り名を教えてもらうことから始め、最終的な確認はイズリントン地域歴史センターを訪問し、詳細を聞くことができた。ウェイクリー・ストリートは短い抜け道で、現在のバービカンセンターにあるランセット誌編集部まで歩いて15分と近い。

今後も、社会の不正と闘ったウェイクリーの実像を明らかにしていきたい。

13章 メディカル・フィジカル誌の創刊と王立協会誌に却下されたジェンナー論文

学術誌の創刊

学術雑誌が知識や情報の伝達メディアとして科学界から支持されてきたのは、レフェリーシステムによる質の評価が行われてきたからである。１６６５年に創刊されたフィロソフィカル・トランザクションズ（王立協会誌）も論文審査がなされていた。しかし、当時どのような審査がなされ、いかなる問題が発生していたのか、実情は示されていない。レフェリーシステムは、発表倫理の観点からも主要なテーマであり、歴史的な視点から検証されるべきである。

英国で18世紀末に発刊された総合医学誌であるメディカル・アンド・フィジカル・ジャーナルの創刊号から25巻を対象に、解題を行う機会があった。そのなかで、メディカル・アンド・フィジカル・ジャーナル誌は、エドワード・ジェンナー（Edward Jenner, 1749–1823）を支持し、多くの関連記事を掲載し種痘の普及に力を注いでいたことに気づいた。その一方で、ジェンナーの牛痘による天然痘予防のための画期的な臨床実験報告が、当時の科学界における中心誌である王立協会誌から却下されていた。オリジナルな知見をめぐり、何が争点となったのだろうか。

　このメディカル・アンド・フィジカル・ジャーナル誌を支えた人々は、新しく組織された医師グループであった。当時、イングランドでは、オックスフォードかケンブリッジで医学を学び医師（physicians）となり、王立内科医学会（Royal College of Physicians）のメンバーとなって上流階級への医療サービスに従事していた。一般の人々や貧者は、テムズ川沿いに建てられた慈善病院や薬種商（apothecary）、偽医者（quacks）、床屋外科医（barber-surgeons）などを利用していた。18世紀後半に起きた産業革命により医療ニーズが増大し、スコットランドのエジンバラ大学で医学を学んだ宗教や出自によって制限を受けない医師たちがロンドンに流入。1773年にロンドン医学会（Medical Society of London）を創設し、幅広い医療者を結集した[1]。このグループから生まれた雑誌が、メディカル・アンド・フィジカル・ジャーナルである。つまり、エジンバラ医学とその人脈の影響を受け融合した医学雑誌といえる。

図13-1　*Medical and Physical Journal* 創刊号（1799）。赤いモロッコ革で装丁され、カバーはマーブル模様

　イングランドで最初に成功した医学領域の総合誌として評価されているメディカ

ル・アンド・フィジカル・ジャーナルは、１７９９年に創刊され、１８１４年の32巻で幕を閉じた。筆者が所蔵していたのは、第１巻から25巻までのセットで、10年前に購入したものである（愛知淑徳大学図書館へ寄贈）。装丁にはセロッコ革が用いられ、カバーは紙製でマーブル模様。各巻５００頁を超え、海外古書店の販売目録によれば１１１点の図版が掲載されているとある（図13-1）。多くは折りたたまれており、そのなかには少数ではあるが手彩色されたカラー図版も含まれている。１７８１年に*London Medical Journal*として生まれ、変遷を経て（表13-1）、１８７７年に*British and Foreign Medico-Chirurgical Review*という誌名で終刊を迎えた。

英国における医学雑誌の発刊

レファニュ（W. R. LeFanu）[2]により編纂された*British Periodicals of Medicine 1640–1899*によれば、英国の医学雑誌数は、１６４０年から18世紀末（１８００年）までの１６０年間に38誌が発刊

表13-1　メディカル・アンド・フィジカル・ジャーナル誌の継続と誌名変更

誌名	年
London Medical Journal	1781–1790
Medical Facts and Observations	1791–1800
Medical and Physical Journal	1799–1814
London Medical and Physical Journal	1815–1833
Medical Quarterly Review	1833–1835
British and Foreign Medical Review	1836–1847
British and Foreign Medico-Chirurgical Review	1848–1877

Source：W. R. LeFanu, *British Periodicals of Medicine, 1640–1899* (Baltimore: Johns Hopkins Press, 1938).

され、１８０1年から１８４０年の19世紀前半には１０７誌が創刊されている。18、19世紀の多くの医学雑誌は、学会と結びついていて会議録を発行することに関心を向けていた。英国医学ジャーナリズム形成史をまとめたバートリップ[3]によれば、誌名には会議記録を示す言葉である「proceeding」「transaction」「bulletin」「acta」などが使用されていた。この18世紀末までに創刊されたなかで、最も影響力をもった二つの医学雑誌があった。一つは、当時の医学教育の中心地であったエジンバラで１７３３年に創刊された*Medical Essays and Observations*であり、定期刊行物としてオリジナルな研究論文の発表メディアとなった。なお、17世紀から18世紀の間には、医学の研究論文は王立協会のフィロソフィカル・トランザクションズ誌に発表されていた。

医学雑誌出版の次なる発展は、総合医学雑誌の出現であり、もう一つの重要誌メディカル・アンド・フィジカル・ジャーナル（1799–1814）に具体的に表現されたといえる。この雑誌は、１７８１年に創刊された*London Medical Journal*を引き継ぎ１７９１年に発刊された、*Medical Facts and Observations*の継続誌でもある。バートリップによれば、メディカル・アンド・フィジカル・ジャーナル誌は、「大部分の記事は、外国誌からの翻訳であり、そして学術書からの長い要約から形成されていた」という。編集の中心を担っていたブラッドリーが１８１３年に死去したことで、メディカル・アンド・フィジカル・ジャーナル誌は１８１４年に刊行を中止し、１８１５年から１８３３年にセカンドシリーズとして誌名をロンドンメディカル・アンド・フィジカル・ジャーナルに換え、巻数を引き継ぎながらロデリック・マクラウド（Roderick Macleod, 1795–1852）により編集された。

表紙と編集者

1799年の創刊号表紙に、ブラッドリー（T. Bradly）とウィリッヒ（A.F.M. Willich）の2名の名前があげられており、「edited」でなく「conducted」と表記されていた（図13-2）。「conduct」という表記に意図された思いはどのようなものであったのだろうか。メディカル・アンド・フィジカル・ジャーナル誌は、英国はもとよりヨーロッパ全体を俯瞰し、各地に散らばっているコレスポンデント（通信員）とのやりとり、王立協会をはじめとした会議の動向、主要な定期刊行物の新たな掲載記事、新刊図書のレビューなど、広範な取り組みをしている。医学研究と医療実践を支援するためのメディアであり、これらの幅広い寄与を考えると、「conduct」という言葉はふさわしいかもしれない。ブラッドリーは、*DNB*に掲載されており、それによるとイングランド西部のウスターシャーで生まれ、数学で名声を得た学校で教えた後、医学を学ぶためにエジンバラ大学へ入学し、1791年に卒業しロンドンに居住した。同年12月に王立内科医学会から免許を得て、1794年から1811年、ロンドンのウエストミンスター病院に勤めた。彼は内向的な性格で医師としては成功せず、数学者として書物を愛していたが、メディカル・アンド・フィジカル・ジャーナルの編集者として*DNB*に名を残した。(4)

誌名は長く具体的に記事内容を示している。

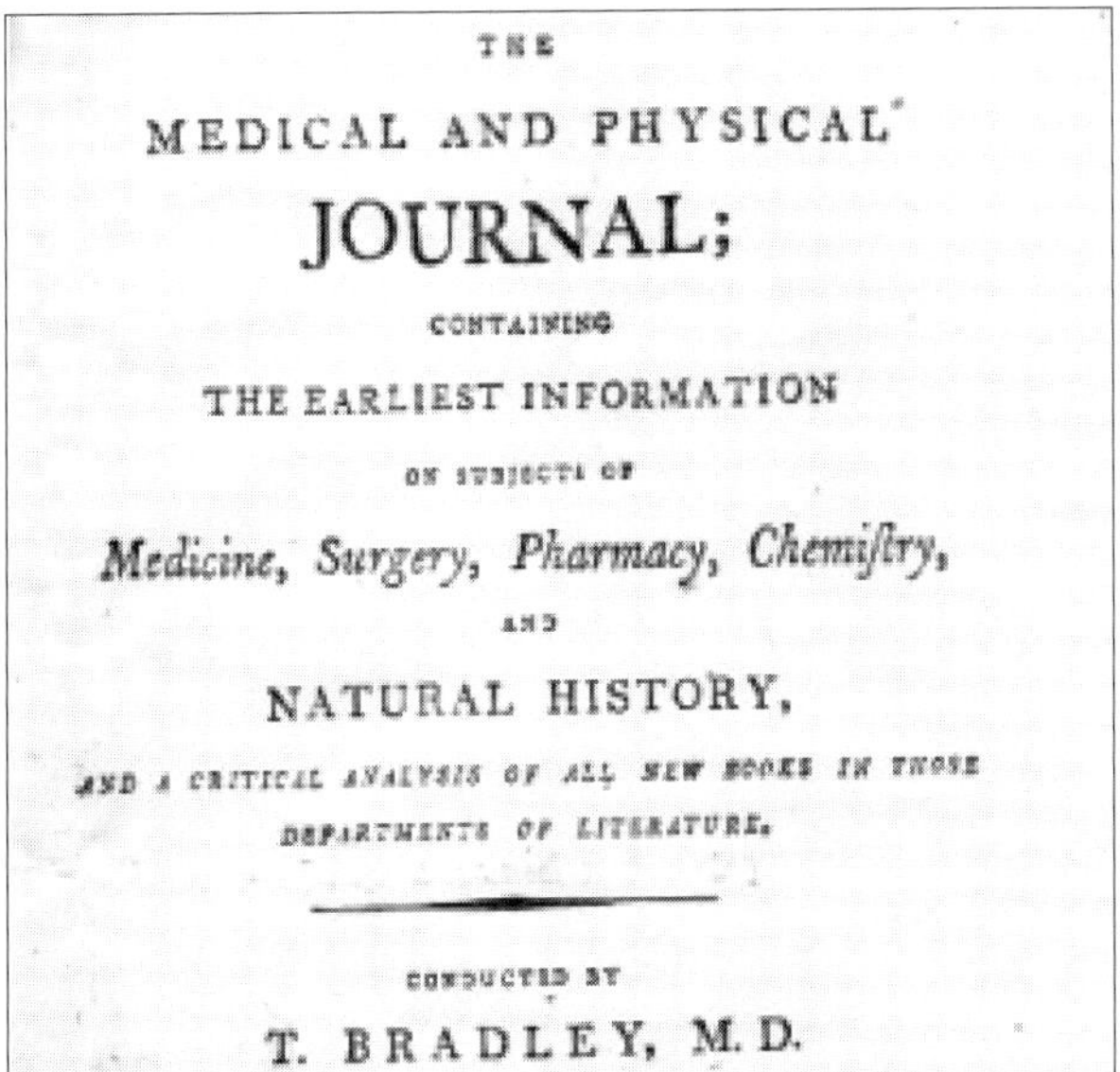

THE

MEDICAL AND PHYSICAL

JOURNAL;

CONTAINING

THE EARLIEST INFORMATION

ON SUBJECTS OF

Medicine, Surgery, Pharmacy, Chemiſtry,

AND

NATURAL HISTORY,

AND A CRITICAL ANALYSIS OF ALL NEW BOOKS IN THOSE DEPARTMENTS OF LITERATURE.

CONDUCTED BY

T. BRADLEY, M. D.

AND

A. F. M. WILLICH, M. D.

— Ex medicina nihil oportet putare proficiſci, niſi quod ad utilitatem corporis ſpectat, quoniam ejus cauſâ eſt inſtituta.

CICERO, *de Inventione*. Lib. I

VOL. I.

FROM MARCH TO JULY, 1799, INCLUSIVE.

London:

PRINTED FOR R. PHILLIPS,

NO. 71, ST. PAUL'S CHURCH-YARD.

図13-2　*Medical and Physical Journal* 表紙
(Vol.1, 1799: 12.5 × 20.5cm)

The Medical and Physical Journal; containing the earliest information on subjects of Medicine, Surgery, Pharmacy, Chemistry, and NATURAL HISTORY, and a critical analysis of all new books in those departments of literature

医学領域の総合誌であり、最新のニュース記事と批判的な書評を含んでいる。当時の学術誌の刊行頻度は、年刊が主流であるだけに、月刊は頻回であり、表紙に記載されているように「earliest」な報知に特徴がある。[5] また、表紙のレイアウトから博物学が、医学、外科学、薬学、化学などの医学関連分野を支えているように見える。全学問の基礎に博物学を位置づけている考え方は、ベーコン主義の主張である。金子務は、「まず世界中から経験的事実を収集し、分類し、それからいわゆる修正帰納法によって、法則や一般原理を掴み出していこうとする」[6] とベーコン主義のアプローチを総括している。

表紙の下部には、出版者の名前と住所が記載されている。ロンドンのシティにあるセントポール大聖堂の南に面した通りであるNo.71, St. Paul's Church-Yardには、18世紀前半からロンドンの出版産業の集積地として、多くの出版者、印刷所が集まっていた。表紙の末尾に印刷されたNo.71, St. Paul's Church-Yardの文字は、読者に出版物への信頼性を付加したであろう。

表紙に掲載されたキケローとベーコンの言葉

学術雑誌創刊の契機や目的に「熱き思い」を読み取ることは少ないかもしれない。しかし、創刊の辞や序言、そして表紙に掲載された格言などから、それらを読み取ることができる。1820年に創刊された *Philadelphia Journal of the Medical and Physical Sciences* の創刊号は、当時最高の文芸誌であるエジンバラレビューに発表された批評家シドニィ・スミスの書いた、アメリカの後進性への皮肉を含んだ批判的な言葉を掲げ、アメリカ医学の奮起をうながしていた。[7]「この地球上で、誰がアメリカの本を読むだろうか。誰がアメリカの劇を見にいくだろうか、誰がアメリカの絵画や彫刻を眺めるだろうか。そして、世界は何をアメリカの医師や外科医に頼るというのか」という言葉である。「合衆国における医学の進歩を記述し、改良事項を科学的に立証し、外国の横取りを防ぐ……この国の知識人を鼓舞し評価する」ことを発刊の主たる目的とした。

メディカル・アンド・フィジカル・ジャーナル誌では、創刊号（1巻から3巻）の表紙に、古代ローマの哲学者であるキケロー（Cicero, B.C.106–43）の言葉が掲載されていた。

医術は身体の健康のために創始されたのであるから、医術が身体の健康を目指さなければ、医術からは何も生まれないと考えるべきである。（飯島文男訳）

高い健康への目的意識をもつことが、新しい薬物、治療法の創造と発見につながるのであり、メディカル・アンド・フィジカル・ジャーナル誌は、有益な情報や知識をヨーロッパ全土から集め、それらを適切に伝えることで医学・医療の発展に寄与したいという目的が、キケローの言葉に示されている。

もう一つの言葉が25巻の表紙に掲載されていた。英国の哲学者フランシス・ベーコン（Francis Bacon, 1561-1626）の言葉である。

医学は職業とされてはいても、入念な研究はなされておらず、入念に研究されてはいても、進歩しなかった学問である。(8)

ベーコンは、彼の主著である『学問の進歩』において、展望する精神をもって医学分野を俯瞰して見ていくと、「入念な研究」が医学に欠けていると指摘し、「学問の探求は、学者たちの共同事業であるべきであり、分業と共力とが必要であった」(9)とも述べた。ベーコンの医学批判をカバーに掲げることによって、実験と研究の積み上げを重視し、知識や情報の伝達を改善する意志を示したものであろう。

序言から

メディカル・アンド・フィジカル・ジャーナルの発刊目的は、創刊号に掲載された序言に次のように述べられている。

発行計画を明確化するなかで、二つの本質的な目的が注目されるようになり、その実現へ向けて、編集者の指導力を傾注することが期待された。

第一の目的は、定期刊行物が人々へ迅速に伝えるべき発見、改良、症例のための伝達手段（vehicle）に適しているかを判断することである。第二は、ヨーロッパやアメリカの出版者から、絶えることなく発表されるヒントや改良記事を集め、それらを要約する役割を担えるかどうか。貴重な成果が分散しており、活用されるべき多くの成果が臨床家に伝達されていない。そのため、大量の価値ある成果が、多数の臨床家に利用できないでいる。

多くの見識ある寄稿家や通信員から自由に支援され、編集者は出版物が、医学・生理学領域における学生の関心や、総合的な探求精神をもった人々を刺激し、そして同時に、価値ある有用な情報を普及させる手段になっている。それゆえに、定期刊行物の主要な目的として、コミュニケーションの中心的なメディアになるべきである。

そして「科学の進歩は急進的であり、医学、外科学、薬学において、この進歩は絶え間のないものである。新たな実験が受容され、事実と仮説を識別するよう注意が必要である」とし、「現在の巻には、他の重要な論文、正確で総括的な内容、最も関心ある生理学的事実が見いだせる」と述べ、新たな知見の導入により、絶え間のない知識の更新が生まれ、「牛痘接種」についてのジェンナー論文を顕著な例としてあげている。

種痘実験を支持したメディカル・アンド・フィジカル・ジャーナル

大きな医学の進展が18世紀の末に起きた。ジェンナーが１７９８年に *An Inquiry into the Causes and Effects of Variolae Vaccine* を出版し、天然痘を種痘（ワクチン接種）により予防できるという発見を示した時である。この業績の紹介と導入にメディカル・アンド・フィジカル・ジャーナル誌は積極的な役割を果たし、天然痘の予防に寄与した。創刊号の巻頭には、牛痘実験についての記事がブラッドリーにより記されていた。そして手彩色による3点のカラー図版が、綴じ込まれている。「牛痘による疱疹図」「小児の牛痘による疱疹の進行段階」の2図（図13-3、図13-4）と、序文のあとに発刊を祝うかのように掲げられた、美しい「Amyris Gileadensis（和名：メッカ・ミルラ）」の植物画である（図13-5）。この植物は、紀元前１７３０年以前から東方の医者により処方されている著名な薬物のひとつで、今日にいたるまでトルコをはじめとした東方諸国で、効

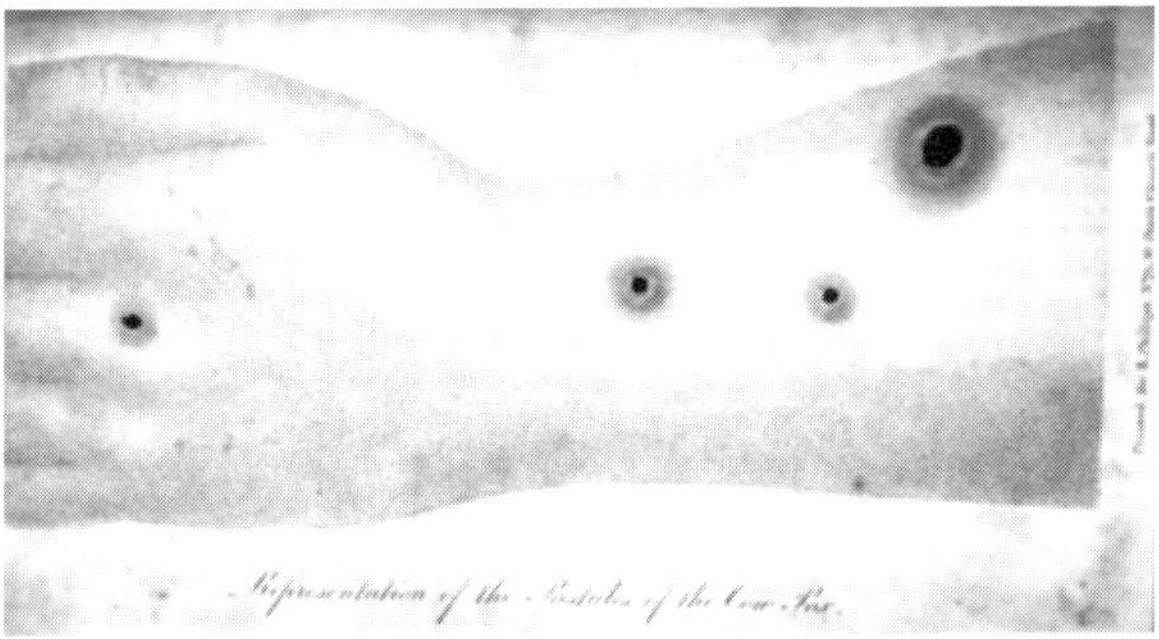

図13-3　牛痘による疱疹の出現、Representation of the pustules of the cowpox. (10.5 × 18 cm).
出典：*Medical and Physical Journal* Vol.1 (1799)：挟み込みcoloured plate

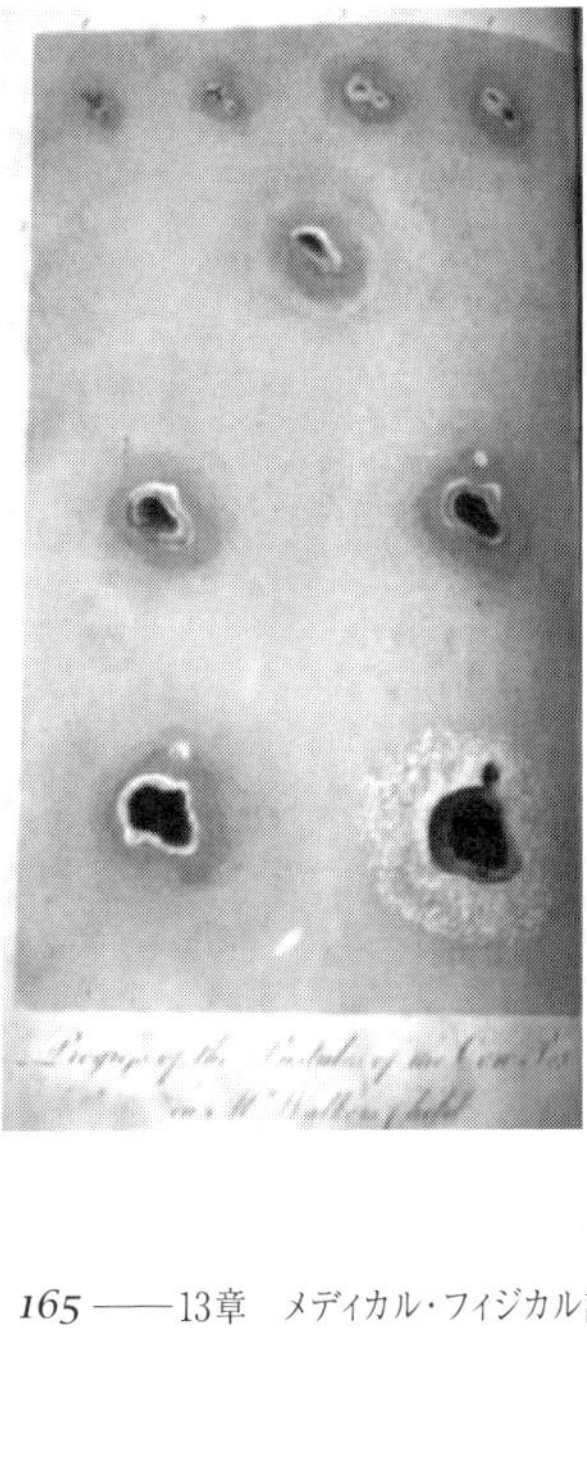

図13-4　小児の牛痘による疱疹の進行段階を示す（14 × 8.5 cm）
出典：*Medical and Physical Journal* Vol.1 (1799)：挟み込みcoloured plate

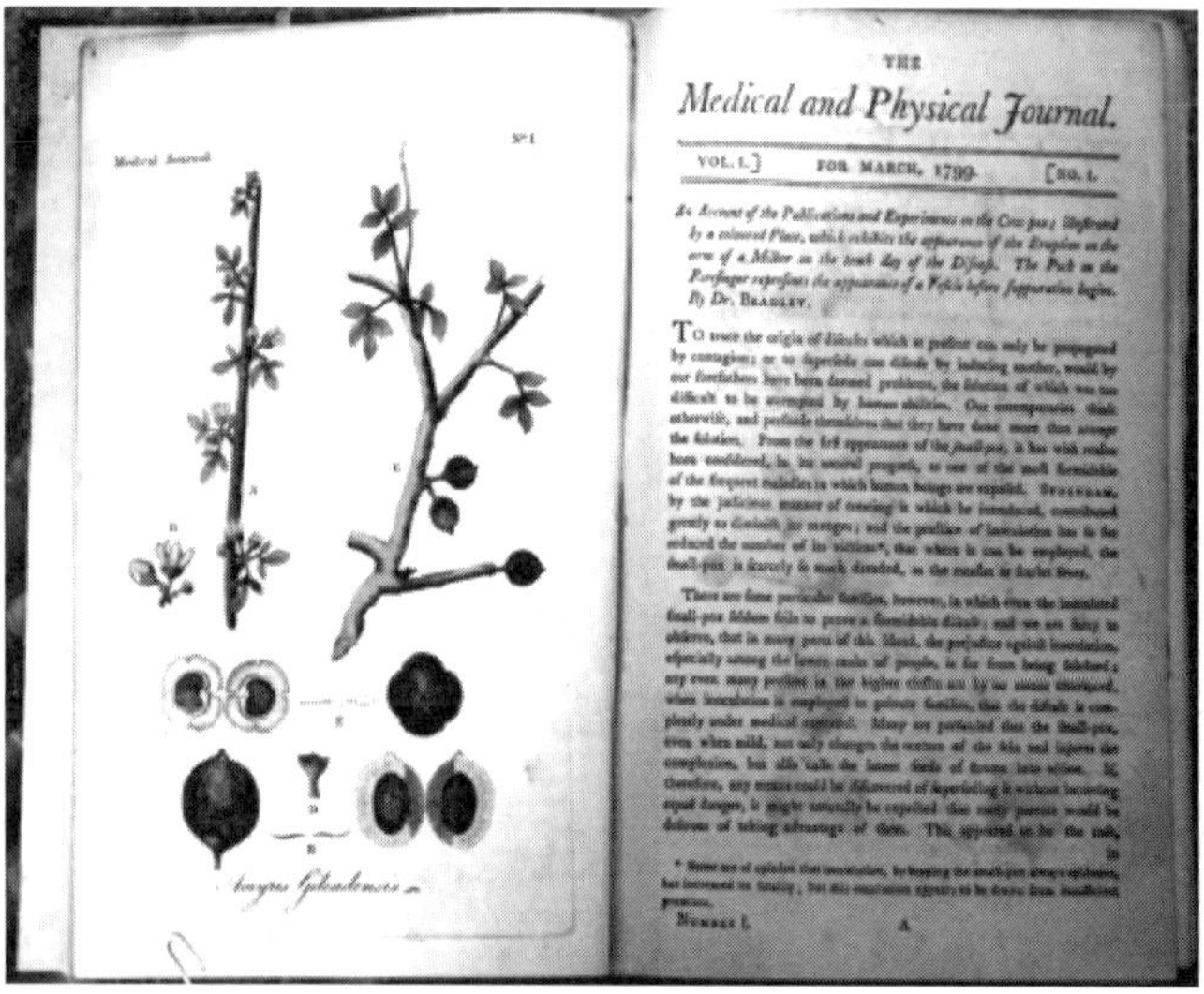

図13-5　Amyris Gileadensis〔和名：メッカ・ミルラ〕（香気ある薬用植物）を掲げた創刊号巻頭
出典：*Medical and Physical Journal* Vol.1（1799）：挟み込みcoloured plate

き目のある薬剤とみなされてきた。それが、ヨーロッパへもたらされ、メディカル・アンド・フィジカル・ジャーナル誌の創刊号でベルリン大学教授のヴィルデノウ（Wildenow）によって広く紹介されていた。

　当時、乳絞りの労働者は、天然痘に罹りにくいという伝承が農村部の人々に広く知られていたが、ジェンナーはこれを臨床実験により科学的に証明し、予防への道を開いた。18世紀に300万の人々の命を奪い、21世紀の初頭に撲滅が宣言された伝染病である。メディカル・アンド・フィジカル・ジャーナル誌は、ジェンナーへの支持を創刊号から明確にし、関連する多くの記事を掲載し、科学的な予防法の普及に努めた。

博物学者としての王立協会誌への投稿

ジェンナーは、牛痘を用いた天然痘予防の論文投稿に先立ち、1786年にカッコウの繁殖行動に関する報告を執筆し、王立協会へ投稿していた。詳細は、*Dictionary of Medical Eponyms* に記載されている。[10] 1787年3月29日に協会の講演会で読み上げられ、王立協会誌への掲載が決まった。ジェンナーはカッコウの卵がカヤクグリの巣に産み置かれ、それが孵化する様子を観察した。カッコウが孵化したのち、カヤクグリの卵やヒナが巣から棄てられるが、それが彼らの親であるカヤクグリによるとした。ジェンナーはこの不自然な行動について、納得できる説明をしないまま、その観察記録を投稿し、王立協会誌への掲載が決まった。ところが、同年の6月18日に、ジェンナーは受理された内容と異なる新たな観察結果を得たのである。新しく孵化したカッコウのヒナが、カヤクグリのヒナや孵化に成功しなかった卵を巣から排除していたことに気づいた。カッコウの、カヤクグリのような他の鳥の巣に自分の卵を産み置き、そこで生まれたカッコウのヒナが他の鳥の卵やヒナを巣から落とし、その巣で他の鳥にカッコウのヒナを育てさせる「托卵」という習性である。

ジェンナーは観察の誤りに気づき、出版前の論文を取り下げ、そして観察記録を改訂した。ジェンナーは、本来巣を所有している鳥のヒナや卵を取り除く主人公を、誤って報告していたのである。こうして、1787年12月27日に友人でもある王立協会のハンターへ訂正報告を提出し、1788年3月13日以前の講演会で改めて読み上げられ、その後、王立協会誌に掲載された。「カヤクグリの雛を放り出して巣を占領する犯人がカッコウの雛という発見は鳥類の托卵行動を初めて示した画期的なものだった」と位置づけられている。[11]

ジェンナーの種痘論文を受理しなかった王立協会誌

世紀を代表するようなジェンナーの論文を、なぜ王立協会誌は受理しなかったのか、科学史上の謎であった。この謎をめぐり、2015年のフィソロフィカル・トランザクションズ *[B]* に、不採用をめぐる詳細がワイスらにより発表された。[12] *Dictionary of Medical Eponyms* の記述とあわせ、まとめてみたい。

1796年に、ジェンナーは牛痘による天然痘予防を目的とした、少年を用いた実験の成功についての報告を、王立協会の会長であったバンクスへ提出した。バンクスは、この論文を農業省長官のサマービルと王立協会フェローのホームの二人のレフェリーに送り助言を受けた後に、受理しないことに決めた。バンクスが不採用にした理由は、オリジナルな論文にしては実験例が不足しているという点であった。ワイスらによれば、レフェリーのホームは「もし20か30名の子どもが牛痘を接種され、後に天然痘にかからないという報告であれば、受理を進言したであろう」。天然痘の根絶に向けて、臨床実験に成功したジェンナーの速報記事を掲載する栄誉を逃したことになる。王立協会誌に受理されなかった結果、ジェンナーは自費出版で公表した。

バンクスが、知人でもあるジェンナーの種痘論文を、レフェリーの意見を尊重して不採用にしたという見解と異なる意見もある。カッコウの托卵行動に関する論文の発表から、観察誤りによる取り下げにいたったジェンナーの好ましくない拙速さを読み取り、そのことと重ね合わせていたというワイスらの指摘である。画期的な新しい論文が、一流誌のピアレビューで不採用になるという事例である。論文審査制度の最大の問題は、専門家ゆえに存在するレフェリーの保守性とされている。現在の知識基盤を支えている専門家は、結果として新しい独創的な論文を受け入れられないという欠点がある。王立協会誌は、権威を確立する一方で、新奇性の高い投稿論文に対して慎重に対応するという保守的傾向が出現するようになったといえる。メディカル・アンド・フィジカル・ジャーナル誌は、ジェンナーの業績を評価し、医療界への普及に尽力した。ブラッドリーとウィリッヒは、ジェンナーの革新性に賛同し、雑誌の発展をめざしたのである。

謝辞：キケローのラテン語原文の日本語訳は、飯島文男氏によるものであり、記して感謝申しあげます。

14章 ラッシュとコールドウェルの盗用をめぐる確執

盗用事件

『ORI研究倫理入門』によれば、「盗用は、他人のアイディア、プロセス、結果、言葉などを、適切な了承を得ずに流用すること[1]」である。研究者であれば、自分のアイディアや実験データなどが、盗用されたのではないかと思うことがある。同じ研究室で起きれば、人間関係が損なわれるだけでなく、自らの存在をかけての提起になる。

医学領域における盗用事例を、歴史的な状況下で検討するために、PubMedを用いて関連文献を探してみた。ケンタッキー大学の微生物・免疫学教室のチャールズ・アンブローズ（Charles T. Ambrose）の"Plagiarism of Ideas. Benjamin Rush and Charles Caldwell-A Student-Mentor Dispute"という論文が、*The Pharos of Alpha Omega Alpha-Honor Medical Society* 誌（2014年）に発表されていた[2]。ラッシュは独立宣言署名者（サイナー）として、また米国精神医学の父と称される人物である。医学都市フィラデルフィアを舞台にした著名医師の盗用事件は、師弟関係の歪みを示すものでもあった。アンブローズ論文によって想起された筆者の思い出も加えながら、現在にも通じる盗用事件を紹介したい。

ベンジャミン・ラッシュのリトグラフ

1989年9月末、フィラデルフィア内科医カレッジ医学史図書館での3カ月の短期留学を終え、お世話になった館長やスタッフの方々に帰国の挨拶とお礼を述べたときであった。歴史コレクション部門の主任であったホロック博士から、ベンジャミン・ラッシュ（Benjamin Rush, 1745–1813）のリトグラフが贈られた（図14-1）。作品は、1800年にエドワード・サベッジ（Edward Savage, 1761–1817）により制作されたもので、大きさは、縦56センチ、横44センチであった。ワシントンにある国立肖像画美術館に所蔵されているのがわかった。ただし、作品をよく見ると、左上に注記があり、

Published and Copyright by Jsaiah Price,D.D.L. Philadelphia, 2 May 1898

と記載されていた。フィラデルフィアのプライスに

図14-1 ベンジャミン・ラッシュのリトグラフ。エドワード・サベッジ制作のSigner of the Declaration, Father of American Psychiatry（1800）

より、サベッジのオリジナルが発表された約1世紀後にあたる1898年5月2日に、権利を得て再出版されたリトグラフであることが判明した。

ラッシュは、独立宣言への署名者でもあり、フィラデルフィア医学界における最高の人物とみなされている。彼の墓は、ベンジャミン・フランクリンが埋葬されているクライストチャーチ墓地（フィラデルフィア市内セカンドストリート）に、妻と子どもたちの墓に囲まれて存在していた。墓の後方には、彼の埋葬時に植えられた樫の木が、枝を伸ばしていた（図14-2）。

ヒロイックなラッシュの治療法

ラッシュは、放置することしかできないような精神病者に対し、医師として積極的な介入を

図14-2　独立宣言署名者であるベンジャミン・ラッシュの墓。写真左下に棺が置かれ国旗が正面にある。
Christ Church Burial Ground, Philadelphia（2006年9月9日撮影）

果敢に行い、アメリカ精神医学の父と呼ばれている。また、1790年代を中心に、フィラデルフィアで猛威を振るった黄熱病(yellow fever)に対して、「外科用小刀ランセットによる瀉血(bloodletting)を多用して立ち向かった。瀉血以外の治療法も、吐瀉を促進させるための水銀の投与や、下剤となるメキシコ原産のつる性植物ヤラッパ(jalap)の根など、患者にとって負担の多い対処がなされた」(3)。現在の視点から見れば、瀉血で大量の静脈血を体内から除去すれば、血圧の低下や意識の混濁など、死期や衰弱を早めるだけともいえる。

1793年夏の黄熱病の大流行では5000名が死亡した。18世紀の末、フィラデルフィアの人口は5万人であり、死者はその10%に昇った。合衆国の首都機能を維持することも困難になったなかで、医師たちは懸命に黄熱病に向き合った。瀉血は、疾病と闘う人々を鼓舞するヒロイックな治療法として、当初は受容されていたのであろう。この黄熱病との闘いの中心にラッシュはおり、彼は多くの教え子を投入した。その一人に、チャールズ・コールドウェル(Charles Caldwell, 1772–1853)がいたのである。

黄熱病をめぐる先取権争いと盗用

1793年の大流行の時、黄熱病は、人を介して伝播しなかったため、感染症ではないと考えられた。フィラデルフィアのデラウエア・リバーのピア近くに放置され腐敗したコーヒーが原因と疑われ、住民は市中の清掃に努めた。深い絶望感のなかで、ラッシュは瀉血を中心とした荒々しい治療法で黄熱病と向き合ったのである。実際には、蚊により伝播される感染症であり、夏期が終われば流行も下火になった。

1797年の第二回目の大流行にあたり、ラッシュが勧めた瀉血、水銀療法、強烈な下剤の使用などは推奨されず、自然治癒力に任されるべきであると考える人々が多くを占めた。ラッシュのヒロイック医学に基礎づけられた過激な療法は、医師や一般の人々からは支持されなかった。彼の医学上の名声は、地に落ちてしまったかのようである。また、当時、ロンドンの改革派ジャーナリストであるウィリアム・コベットが、1797年にフィラデルフィアに滞在しており、ラッシュの治療法への批判を展開した。(4) なお、コベットは、総合医学雑誌ランセットの創刊(1823年)にあたり、編集委員長のトーマス・ウェイクリーに助言をした著名なジャーナリストである。

ラッシュは、1789年からカレッジ・オブ・フィラデルフィア(後のペンシルベニア大学)の内科学主任教授というフィラデルフィア医学を主導する責任ある地位にあったが、病因論や有効な治療法をめぐり、指導性を発揮できずにいた。推測するに、混乱し孤立した状況下に置かれていたのではないだろうか。第一回の大流行で、黄熱病が、人から人に伝染しないという重要な特徴をコールドウェルら若手の医師たちから先に提言され、治療法については、自己の主張を広めることができなかった。コールドウェルらが提唱した水療法の有効性についての議論では、教え子である彼らの寄与に配慮を示さなかったため、アイディアの盗用として非難された。

師弟関係の崩壊

コールドウェルは、1772年にノース・キャロライナ州で生まれ、1792年にペンシルベニア大学医学校に入学し、著名人であるラッシュの医学生となった。翌年の1793年、第一回の黄熱病大流行に遭遇し、ラッシュの命により治療活動に参加した。多くの患者を熱心に診たコールドウェルは、黄熱病が人を介して伝染しないことを確信するようになり、この重要な事実について、教えを受けているラッシュに報告し、正当化されるよう努めた。

医学部に戻ったコールドウェルは、ラッシュが講義のなかで、「雨で濡らしたり、水に浸したりすることで、黄熱病による発熱を抑えられる」[5]と説明しているのに気づいた。これは、コールドウェルが書状でラッシュに伝えた治療法であり、瀉血のように患者へ負担を強いるものではない。本来であれば、ラッシュは講義の中でコールドウェルの名前をあげて、言及すべきものである。1794年から1795年の冬に、コールドウェルは「黄熱病治療への水療法の適用」という演題で、フィラデルフィアで口頭発表し、先取権を明らかにした。そのうえで、ペンシルベニア大学の医学部教授であるラッシュにより、水療法が有効な治療法として認められることを願っていただけに、コールドウェルの失望は大きかった。結果的に二人の関係に不和をもたらし、後に盗用の責任追及がコールドウェルの側からなされた[6]。ラッシュからすれば、指導している学生からもたらされた知識や情報は、ラッシュの教えを基礎に展開されたものと考えていたのかもしれない。

学位審査をめぐる争い

アンブローズによれば、1796年、コールドウェルはペンシルベニア大学医学校へ、学位審査論文を提出した。主に学位審査を担当するのは、ラッシュと解剖学教授のウイスター（Caspar Wistar, 1761–1818）であった。ラッシュによる口頭試問では、コールドウェルが予想したように、ラッシュの感情に火をつけ激論をもたらした。ラッシュは試問に先立ち、コールドウェルの論文を含めた数編について、化学教授のコックス（John Redman Coxe）に意見を求めている。コックスへの手紙のなかで、コールドウェルの学位論文は、ラッシュの著作や講義から盗み取ったものであることに気づくであろうとし、公開の学位論文審査の場で、盗用の過ちを自覚させたいと述べていた。ラッシュは、コールドウェルの学位論文申請書類にサインすることを拒絶した。数年後、二人の共通する友人の仲介で、ラッシュは最終的に学位論文申請書類にサインをした。

先取権をめぐり、師弟関係を無視し礼儀を失したコールドウェルの姿勢に対して、ラッシュは彼の権力を背景に攻勢を強めた。ラッシュは死の直前に、彼が個人的に教えた医学生135名の名簿を編集したが、そこにコールドウェルの名前は見つけられなかった。先取権をめぐる争いは、ささいな行き違いから生じており、盗用事件の様相を呈すまで発展し、二人の人生の一部を占有した。

ラッシュの著作や講義からの知識の受容は、師弟関係にあっては自然なことであり、盗用と考える人は少ないだろう。二人の人間関係が破綻し、着地点を見いだせなかった結果である。ラッシュは、コールドウェルの存在を、最後まで彼の人生の記録から抹消しようとしていた。コールドウェルは、批判対象として立ちふさがっていた１８１３年のラッシュの死後、ケンタッキー州レキシントンへ移り中西部での医学教育に寄与した。

コールドウェルのシルエット

ケリーとバレッジの編纂による *Dictionary of the American Medical Biography* (1928) は、信頼できるアメリカ医学の人物事典としてみなされている[7]。チャールス・コールドウェルの記述のなかに、師であるラッシュとの関係について、以下のようにあった。「コールドウェルは、著名なベンジャミン・ラッシュ博士の学生であり友人であった。しかし、黄熱病の原因をめぐるコールドウェルの傲慢なほどの自信と自己主張が、二人の友人関係に不和をもたらし、ラッシュと学長らに敵意を起こさせた」とある。コールドウェルは、フィラデルフィアを離れ、１８１８年から１８３７年に、ケンタッキー州レキシントンのトランシルベニア大学に薬物学教授として招かれ、１８３７年にルイビル市から医学校の創設要請を受け、中西部における医学教育の拠点形成に寄与した。

コールドウェルの肖像画は、米国国立医学図書館のデジタル・コレクションを検索すると、アン

図14-3　チャールス・コールドウェルのシルエット
出典：A. Oliver, *Auguste Edouart's Silouettes of Eminent Americans, 1839–1844* (Charlottesville: University Press of Virginia, 1977).

ブローズが紹介したものを含め3点のポートレイトが所蔵されていた。この肖像画やリトグラフよりも手軽に記録ができる方法として、18世紀フランスでシルエット（影絵）が流行し、アメリカにも伝えられた。コールドウェルのシルエットが、筆者の所持していたオリバーの著作に掲載されていた[8]という偶然の発見もあった（図14-3）。このオリバーの大型本は、シルエット関連で買い求めた資料の1冊であった。風貌は「背が高く堂々としており、雄弁な話し手であり、さらに、きわめて明快な書き手であった」とケリーとバレッジは記している。「コールドウェルの性癖は、論争好きであり、彼の人生に害を与えた多くの対立を生み出す原因となった」とも指摘されている。中西部における優れた医学校の設立に、彼の情熱的な気質は必要であった。なお、コールドウェルの自伝によれば、「生涯にわたり２００点以上のエッセイ、講演記事、パンフレット、図書を公刊していた」[9]。

15章 健全な研究環境を目指して

振り返ると２００４年が転換点

筆者は２００２年に『科学者の不正行為』（丸善）を刊行し、２００７年には『パブリッシュ・オア・ペリッシュ』（みすず書房）を出版した。２００２年当時、研究のミスコンダクトは、研究競争の厳しい米国に顕著な問題であり、日本では着目されていなかった。状況が変化したのは、２００４年の大阪大学と理化学研究所を舞台にした事件である。大阪大学下村研究室のネイチャー・メディシン事件では、学内で研究公正委員会と調査委員会が、教授（神経内科学）の佐古田三郎を中心に形成された。筆者も外部専門家委員として招請され、その後の教育プログラムの企画と実行にも協力した。

一方で、日本を代表する研究機関である理研を舞台にしたTの不正事件（２００４年）で、もし理研側が問題の所在を明らかにし、事件と向き合っていたら、10年後の２０１４年に起きた小保方事件は、異なった展開を見せたであろう。若手研究者のミスコンダクトへの共同責任を問われるべき事例であるが、理研は、研究者に弁明のチャンスをほとんど与えず、高圧的な姿勢で不正調査をし、入室禁止、解雇などを告げた。筆者は、マスコミ報道を読む範囲であったが、理研の、組織を守るべく研究者の解雇を急ぎ、研究プロジェクトを遂行する有能な研究者は、簡単に埋め合わせができるといった態度が感じられた。解雇は、理研側の不正への意志として読めるかもしれないが、社会的な制裁が優先され、ミスコンダクト事件の解明はなされなかった。また、研究者側に控訴の機会を与えることが保証されなければならないが、それらは無視されていた。

研究倫理教育から学ぶ

講義プログラムをどのように発展させるべきか、またいかに向き合うべきか、常に考えさせられた。特に、九州大学大学院医学研究院教授（臨床薬理学）の笹栗俊之によって２００７年に開始された大学院共通科目「医学研究の倫理」は、内容や時間数などで試行錯誤はあったものの、教育プログラムを改良する実践的な場となった。筆者自身でいえば、研究倫理に関して講演や学外講義を数多く引き受けてきたが、専門や年齢の異なる人々から得られる反響は、思いもよらない指摘もあり、新しい気づきを得るチャンスになった。

例えば、大学院での講演の際、「ギフト・オーサーシップは、現在の医局講座制のなかで、止めることは難しいが、自分たちの世代が研究の中心を支えるようになったときは、廃止しなければならない」と受講生の一人は語ってくれた。また、東京の私立医科大学の大学院で、北欧からの留学生が、講義で取り上げた二つの視点の有効性に着目し、「講義の始めの部分で、二つのアナロジーについて言及したことが印象深い。第一は、食品や水の安全性をチェックすると同じように、情報や知識をチェックすることが、身体の健康に必要となる。もう一つのアナロジーは、ミスコンダクトを病気としてみなす点である。このような視点はこれまで聞いたこともなかった。私は、不正の事例を聞くにつれ、いつも驚かされるが、不正を病気とみなすと、その問題を受け止めて、いかに対応するのか検討可能になる。なぜ、FFPのような不正を著名な研究者が行うのか、さまざまな理由があろう。このような人々を理解し治療をするための最初のステップになるだろう」と、感想を記していた。

同様な理解を示す院生の感想文も提出されていた。「これまで、研究倫理の講義の中で、ミスコンダクトは研究者として絶対に行ってはならないこととして学んできたが、今回の授業でミスコンダクトは病気であり、適切な対処や介入、そして予防が重要であるという視点は新しい見方であると思います。さらに、劣悪な環境に置かれれば、薬物治療だけでは効果は少なく、環境への公衆衛生学的なアプローチなくして、健康を回復できない」と述べ、最も有意義であった内容としては、「ミスコンダクトへの対処は、第一にその存在を認めることであり、予防・教育という公衆衛生学的なアプローチがポイントになる」と応えていた。

日本からの英文論文発表を支える海外商業誌

１９９９年から２００１年の期間を対象に、PubMedで日本の英文論文の発表実態を調査したことがあった。どのような学術誌に掲載されているのか、分野による特徴はあるのか、生命科学領域における現状を調査した[1]。その調査データを整理していたら、海外出版社から刊行されている雑誌で、日本からの論文を多数掲載しているジャーナルが見いだされた。*Hepato-gastroenterology*、*Oncology Reports*、*International Journal of Oncology* の３誌である。詳細を表15-1にまとめると、この３誌だけで、四半世紀にわたり８７００以上の日本からの英文論文を掲載していた。研究者の側に立ち、研究業績の論文化に力を注いでいる。専門研究者の中では周知されているが、一般にはあまり知られていない。図15-1では、この３誌の年次掲載数変化を示した。１９９４年から２００５年の10年間は掲載数の伸びを示していたが、その後は上昇傾向をみせていない。近年

表15-1　日本論文のシェア

誌名	日本論文数	収載論文数	構成比	収載期間
Hepato-gastroenterology	3550	10031	35.4％	1994-2018
Oncol Rep	2764	11151	24.8％	1987-2013
Int J Oncol	2438	10183	23.9％	1987-2013

誌名	出版者	発行国
Hepato-gastroenterology	Thieme	Germany
Oncol Rep	D.A. Spadidos	Greece
Int J Oncol	Ethnikon Hidryma Ereunon	Greece

Source：PubMed, 16 Sept 2018

のオープン・アクセス誌や、ハゲタカ（predatory）誌と呼ばれている粗悪な学術誌の普及が影響しているのではないだろうか。(2)

オープン・アクセス誌の矛盾

学術雑誌が長く科学界に支持されてきたのは、掲載論文の審査を通して、信頼性の高い情報や知識を選択し、その質を保証してきたからである。一方、研究者は質の高い学術誌に論文を発表しようとするだけでなく、先取権競争に敗れたものや仮説の証明が十分展開できなかったプロジェクトなどを、関係する学術誌に発表しようと試みる。話題となるのは、ネイチャー、サイエンス、セル、プロナス（*Proceedings of the National Academy of Science USA*）誌などの一流誌に掲載された記事だろう。ただし、研究活

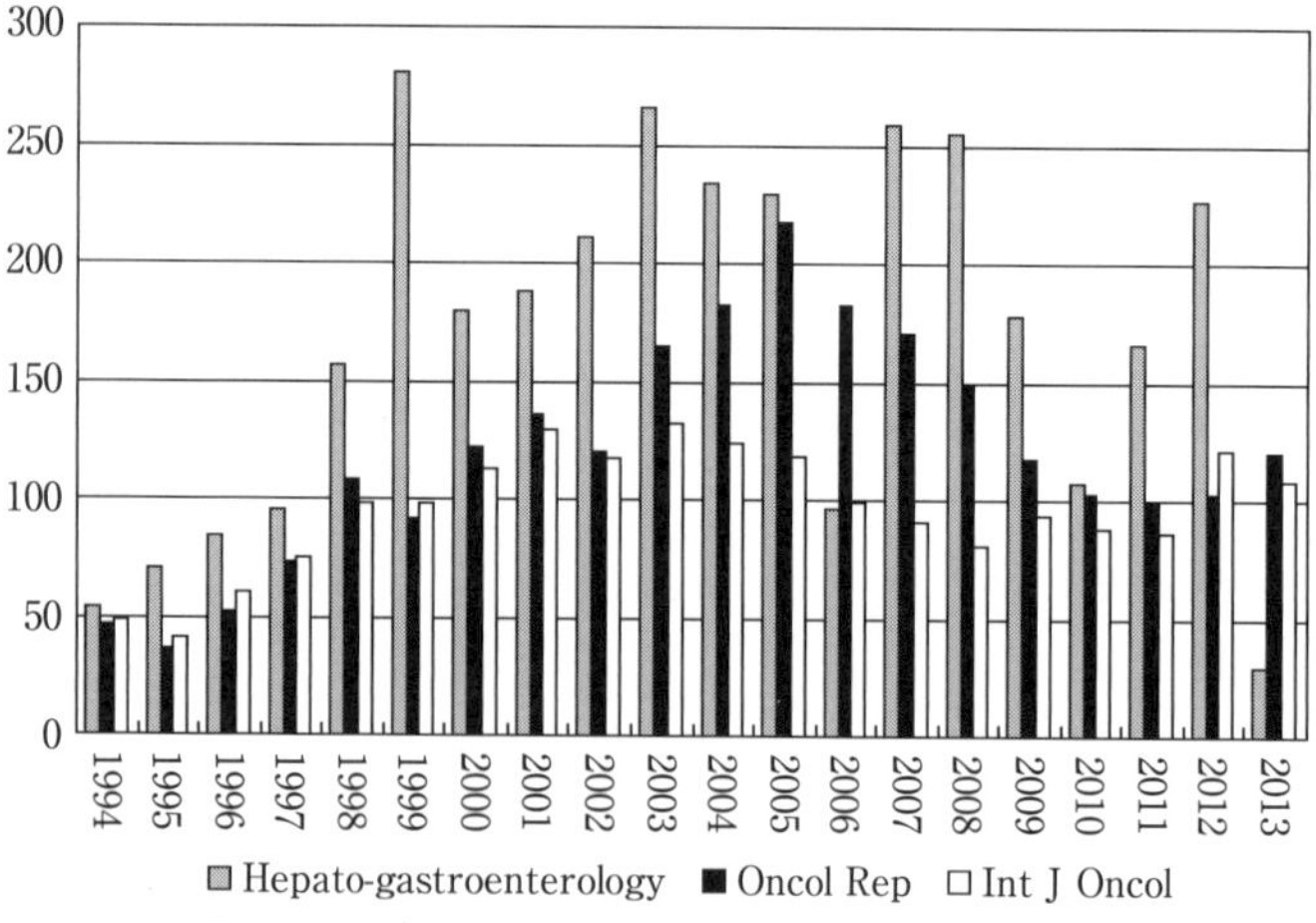

図15-1　受け皿としての学術誌の年次掲載数変化
Source：PubMed, 17 Oct 2018

動を持続させるためには、二・三流誌への論文掲載を見逃してはならない。若手研究者が、先取権争いに勝ち残れなかった研究を記録し公表することは、否定されるべきではない。

しかし近年の、購読料が無料で、インターネット上のみで提供され、出版費用は著者が負担するオープン・アクセス誌が科学界に浸透すると、矛盾も出現してきた。論文審査に時間をとり、その質の評価を丁寧に行えば、出版コストが高くなる。つまり質の高い公刊に力を注ぐとすれば、収益が出ないということが、オープン・アクセス誌の課題であった。このような状況下で、簡単に論文数を稼ぎたい人が向かう方向に、粗悪なオープン・アクセス誌が存在し、利用している研究者がいる。毎日新聞電子版（２０１８年９月３日）によれば、同紙が和歌山大学教授和田俊和の協力を得て、粗悪な学術誌を多く出版している海外出版社を例に調べたところ、「日本と関連する論文は５０７６本あり、筆頭著者が大学・研究機関に所属する論文は３９７２本あった」。この３９７２本について、利用機関別ランキングを示す（表15-2）。トップは九州大学の１４７論文、２位は東京大学の１３２論文、３位は大阪大学の１０７論文と、代表的な研究大学が上位を占めていた。研究力の高い一流大学がなぜ粗悪学術誌を利用するのだろうか。論文数を増やすための対応策として科学コミュニティに広まっている。

表15-2　粗悪学術誌利用機関別ランキング

順位	機関	論文数
1	九州大学	147
2	東京大学	132
3	大阪大学	107
4	新潟大学	102
5	名古屋大学	99
6	日本大学	87
7	北海道大学	74
8	広島大学	73
9	京都大学	66

出典：毎日新聞電子版（2018年9月3日）

健全な研究発表を維持するためには、研究を取り巻く環境を良くすることが求められる。研究者個々の倫理観の醸成に焦点をあてるだけでなく、研究環境の育成に努め、また宗教学、哲学、倫理学といった系統だけでなく、公衆衛生学のなかでミスコンダクトは研究され、その教育の場が提供されるべきである。発表倫理のテーマは、研究者倫理の中心に位置しており、今後とも関心を持続していきたい。

欧文索引

和文索引

あ行

か行

さ行

た行

な行

は行

ま行

や・ら・わ行

初出一覧

1章　「科学研究目的の変化」『あいみっく』36(4) (2015):92-94.

2章　「繰り返される研究不正：求められる環境改善」『ブリタニカ国際年鑑』2015年版（東京：ブリタニカ・ジャパン，2015）142-145.

3章　「ミスコンダクト論文を可視化する」『あいみっく』36(2) (2015)：40-44.

4章　「論文発表から見たミスコンダクト」『あいみっく』38(4) (2017)：98-102.

5章　「医中誌Webから見た国内ミスコンダクト文献の分析」『あいみっく』39(1) (2018):17-19.

6章　「生命倫理から発表倫理へ」『病理と臨床』34(6) (2016):643-647.

7章　「発表倫理から論文の書き方を再考する」『あいみっく』37(1) (2016):19-22.

8章　「Honest errorから研究の誠実性を考える」『あいみっく』37(2) (2016):42-44.

9章　「訂正記事を透明化する」『あいみっく』36(3) (2015):68-70.

10章　「研究公正局の不正調査手順モデルから学ぶ」『あいみっく』37(4) (2016):96-99.

11章　「同等の寄与は受容されるか」『あいみっく』38(3) (2017):70-73.

12章　「Lancet誌の発刊と社会改良家Thomas Wakley（上）」『あいみっく』39(2) (2018):40-42.

「Lancet誌の発刊と社会改良家Thomas Wakley（下）」『あいみっく』39(3) (2018):70-72.

13章　「Medical and Physical JournalとJennerの種痘論文（上）」『あいみっく』38(1) (2017):20-22.

「Medical and Physical JournalとJennerの種痘論文（下）」『あいみっく』38(2) (2017):2-4.

14章　「RushとCaldwellの盗用をめぐる確執」『あいみっく』37(3) (2016):71-74.

15章　「健全な研究環境を目指して」『あいみっく』39(4) (2018):101-103.

引用・参考文献

1章

1：R. Tames, *Josiah Wedgewood* (Princes Risborough: Shire Publications Ltd, 1987), 48.

2：Wedgwood, http://www.wedgwood.jp/ (accessed 2015-10-25).

3：A. A. Manten, "The growth of European scientific journal publishing before 1850," in *Development of Science Publishing in Europe*, ed. A. J. Meadows (Amsterdam: Elsevier, 1980): 1-22.

4：金子務『オルンデンバーグ』（東京：中央公論社，2005）293.

5：『スピノザ往復書簡集』畠中尚志訳（東京：岩波書店，1958）.

6：アインシュタイン『晩年に想う』中村誠太郎他訳（東京：講談社，1971）336.

7：R. J. デュボス『生命科学への道：エイブリー教授とDNA』柳沢嘉一郎訳（東京：岩波書店，1979）289.

2章

1：山崎茂明「学術雑誌のレフェリーシステム」『科学』59(11)(1989):746-752.

2：R. Smith, "Opening up BMJ peer review," *BMJ* 318 (1999): 4-5.

3：2005年連邦規則集：§93.103, 42 CFR Part 93.

4：Definition of Research Misconduct, http://ori.hhs.gov/definition-miscod (accessed 2015-01-30).

5：Nicholas H. Steneck『ORI研究倫理入門：責任ある研究者になるために』山崎茂明訳（東京：丸善，2005）.

6：S. Lock, F. Wells, *Fraud and Misconduct in Medical Research* (London: BMJ Publishing Group, 1993).

7：W. Broad, N. Wade『背信の科学者たち』牧野賢治訳（京都：化学同人，1988）.

8：山崎茂明『科学者の不正行為：捏造・偽造・盗用』（東京：丸善，2002）.

9："Case summary: fabricated and falsified clinical trials," *ORI Newsletter*

Vol.1, No.2 (1993).
10：J. Crewdson, "Fraud in breast cancer study," *Chicago Tribune*, March 13, 1994.
11：C. Court, L. Dillner, "Obstetrician suspended after research inquiry," *BMJ* 309(6967) (1994): 1459.
12：A. Abbott, "German scientists may escape fraud trial," *Nature* 395(6702) (1998): 532-533.
13：山崎茂明『パブリッシュ・オア・ペリッシュ：科学者の発表倫理』（東京：みすず書房，2007）.
14：東京大学科学研究行動規範委員会「分子細胞生物学研究所・旧加藤研究室における論文不正に関する調査報告（最終）」2014年12月.
15：日本麻酔科学会「藤井善隆氏論文に関する調査特別委員会報告書」2012年6月29日.
16：研究論文に関する調査委員会「研究論文に関する調査報告書」2014年12月25日．独立行政法人理化学研究所，http://www3.riken.jp/stap/j/c13document5.pdf.
17：D. J. de Solla Price, "Ethics of scientific publication," *Science* 144 (1964): 655-657.

3章

1：樋口耕一『社会調査のための計量テキスト分析：内容分析の継承と発展を目指して』（京都：ナカニシヤ出版，2014）.
2：「Wordleで文学作品の特徴語をビジュアライズする」Soleil coucoupé，d.hatena.ne.jp/xef/20120311/1331465186.
3：C. McNaught, P. Lam, "Using Wordle as a supplementary research tool," *The Qualitative Report* 15(3) (2010): 630-643.
4：矢野桂司「イギリスの地理学」『地学雑誌』121(4)(2012)：586-600.
5：P. Riis, "Creating a national control system on scientific dishonesty within the health sciences," in *Fraud and Misconduct in Medical Research*, 2nd ed., ed. S. Lock, F. Wells (London: BMJ Publishing Group, 1996): 114-27.

4章

1：Research Conference on Research Integrity. November 18-20, 2000; Bethesda MD: Office of Research Integrity, 2000.

2：山崎茂明『科学者の不正行為：捏造・偽造・盗用』（東京：丸善，2002）169-174.

3：日本麻酔科学会「藤井善隆氏論文に関する調査特別委員会報告書」2012年6月29日.

4：R. Smith, "Opening up BMJ peer review," *BMJ* 318 (1999): 4-5.

5：Nicholas H. Steneck『ORI研究倫理入門：責任ある研究者になるために』山崎茂明訳（東京：丸善，2005）.

5章

1：山崎茂明「論文発表から見たミスコンダクト」『あいみっく』38(4)(2017):98-102.

2：桑島巖『赤い罠：ディオバン臨床研究不正事件』（東京：日本医事新報社，2016）.

3：山崎茂明「不正行為と発表倫理に関する記事分析」『科学者の不正行為：捏造・偽造・盗用』（東京：丸善，2002）169-174.

6章

1：山崎茂明『科学者の発表倫理：不正のない論文発表を考える』（東京：丸善出版，2013）.

2：Nicholas H. Steneck『ORI研究倫理入門：責任ある研究者になるために』山崎茂明訳（東京：丸善，2005）.

3：J. Crewdson, "Fraud in breast cancer study," *Chicago Tribune*, March 13, 1994.

4：M. Angell, J. P. Kassirer, "Setting the record straight in the breast-cancer trials," *N Engl J Med* 330 (1994): 1448-1450.

5：日本麻酔科学会「藤井善隆氏論文に関する調査特別委員会報告書」2012年6月29日，https://anesth.or.jp/files/download/news/20120629_2.pdf (accessed 2015-11-10).

6：C. King, "Multiauthor papers," *Science Watch*, July 4, 2012, http://archive.sciencewatch.com/newsletter/2012/201207/multiauthor_papers/ (accessed 2013-01-01).
7：R. Smith, "Authorship: time for a paradigm shift?," *BMJ* 314 (1997): 992.
8：R. Smith, "Opening up BMJ peer review," *BMJ* 318 (1999): 4-5.
9：山崎茂明『パブリッシュ・オア・ペリッシュ：科学者の発表倫理』（東京：みすず書房，2007）.

7章

1：猪瀬博「この人このテーマ：国民が使える情報基盤を」『朝日新聞』1998年4月19日.
2：R. Pears, G. Shields, *Cite Them Right* (New York: Palgrave Macmillan, 2013).
3：文化庁「著作権テキスト:初めて学ぶ人のために」平成27年度，文化庁，http://www.bunka.go.jp/seisaku/chosakuken/seidokaisetsu/pdf/h27_text.pdf (accessed 2016-01-08).
4：アメリカ心理学会（APA）『APA論文作成マニュアル』第２版，前田樹海他訳（東京：医学書院，2011）.
5：Cheryl Iverso他『医学英語論文の書き方マニュアル　原書10版』今西二郎, 浦久美子訳（京都：共和書院，2010）.
6："Recommendations for the Conduct, Reporting, Editing and Publication of Scholarly Work in Medical Journals (ICMJE Recommendations)," Updated Dec. 2015, http://www.icmje.org/about-icmje/faqs/icmje-recommendations/ (accessed 2016-01-10).
7：D. Rennie, V. Yank, L. Emanuel, "When authorship fails: a proposal to make contributors accountable," *JAMA* 278 (1997): 579-85.
8：A. Ioannou, "Publication bias: a threat to the objective report of research results," ResearchGate (2009), http://www.eric.ed.gov/PDFS/ED504425.pdf (accessed 2010-09-01).
9：T. C. Chalmers, C. S. Frank, D. Reitman, "Minimizing the three stages of publication bias," *JAMA* 263(10) (1990):1392-5.

8章

1：P. Riis, "Creating a national control system on scientific dishonesty within the health sciences," in *Fraud and Misconduct in Medical Research*, 2nd ed., ed. S. Lock, F. Wells (London: BMJ Publishing Group, 1996): 114-27.

2：Nicholas H. Steneck『ORI研究倫理入門：責任ある研究者になるために』山崎茂明訳（東京：丸善，2005）.

3：理化学研究所理事会「科学研究上の不正行為への基本的対応方針」，http://www.riken.jp/~/media/riken/pr/topics/2006/20060123_1/20060123_1.pdf (accessed 2016-02-17).

4：山崎茂明「PubMedから日本の撤回論文を調べる」『あいみっく』32(3)(2011)：59-62.

5：H. Takahashi, "Retraction: A SADS defect in tumor cells provides optimism," *Nat Med* 7(6) (2001): 749.

6：E. Altman, P. Hernon ed., *Research Misconduct: Issues, Implications, and Strategies* (London: Ablex Publishing, 1997).

7：D. B. Resnik, C. N. Stewart Jr., "Misconduct versus honest error and scientific disagreement," *Account Res* 19(1) (2012): 56-63.

9章

1：J. Hosie, "Fraud in general practice research: intention to cheat," in *Fraud and Misconduct in Medical Research*, 2nd ed., ed. S. Lock, F. Wells (London: BMJ Publishing Group, 1996), 40-46.

2：S. Fox, V. Nair, N. Dudley, "Admitting to mistakes in the medical literature," *J R Soc Med* 102(9) (2009): 357.

3："Fact Sheet: Errata, Retractions, Partial Retractions, Corrected and Republished Articles, Duplicate Publications, Comments (including Author Replies), Updates, Patient Summaries, and Republished (Reprinted) Articles Policy for MEDLINE," http://www.nlm.nih.gov/pubs/factsheets/errata.html (accessed 2015-07-26).

4：S. Kotzin, P. L. Schuyler, "NLM's practices for handling errata and

retractions," *Bull Med Libr Assoc* 77(1989): 337-43.
5：佐藤翔「PLOS ONEのこれまで，いま，この先」『情報管理』57(2014)：607-17.

10章

1：研究論文に関する調査委員会「研究論文に関する調査報告書」2014年12月25日．独立行政法人理化学研究所，http://www3.riken.jp/stap/j/c13document5.pdf (accessed 2016-10-10).
2：研究上の不正，http://cpot.hatenablog.com/entry/2004/12/25/000000 (accessed 2016-10-10).
3：ORI "Model Procedures for Responding to Allegations of Scientific Misconduct," http://ori.dhhs.gov/documents/model_procedures_responding_ allegations.pdf (accessed 2016-10-10).

11章

1："Author contributions statements," Authorship: authors & referees, http://www.nature.com/authors/policies/authorship.html (accessed 2017-05-01).
2：D. Rennie, V. Yank, L. Emanuel, "When authorship fails: a proposal to make contributors accountable," *JAMA* 278 (1997): 579-85.
3："Why doesn't NLM carry identification of co-authorship or equal authorship in the MEDLINE citations?," National Library of Medicine, USA, https://support.nlm.nih.gov/link/portal/28045/28054/article/3 (accessed 2017-05-01).
4：M. S. Cappell, "Equal authorship for equal authors: personal experience as an equal author in twenty peer-reviewed medical publications during the last three years," *J Med Libr Assoc* Oct 104(4) (2016): 363-4.
5：E. Akhabue, E. Lautenbach, ""Equal" contributions and credit: an emerging trend in the characterization of authorship," *Ann Epidemiol* 20(11) (2010): 868-71.
6：F. Wang, L. Tang, L. Bo, J. Li, X. Deng, "Equal contributions and credit

given to authors in critical care medicine journals during a 10-yr period," *Crit Care Med* 40(3) (2012): 967–9.

7：B. Dotson, "Equal contributions and credit assigned to authors in pharmacy journals," *Am J Pharm Educ* 77(2) 39 Mar 12, 2013.

8：Z. Li, YM. Sun, FX. Wu, LQ. Yang, ZJ. Lu, WF. Yu, "Equal contributions and credit: an emerging trend in the characterization of authorship in major anaesthesia journals during a 10-yr period," *PLoS One* 8(8): e71430 (2013).

9：Z. Jia, Y. Wu, Y. Tang, W. Ji, W. Li, X. Zhao, H. Li, Q. He, D. Ruan, "Equal contributions and credit: an emerging trend in the characterization of authorship in major spine journals during a 10-year period," *Euro Spine J* 25 (2016): 913–7.

10：SY Lei et al., "An emerging trend of equal authorship credit in major public health journals," *SplingerPlus* 5: 1083 (2016).

11：山崎茂明「看護分野の撤回論文から見たミスコンダクト」『科学論文のミスコンダクト』（東京：丸善出版，2015）105–12.

12：For Authors, http://onlinelibrary.wiley.com/journal/10.1111/%28ISSN%291365-2044/homepage/ForAuthors.html (accessed 2017–05–01).

13：K. Moustafa, "Contributorships are not weighable to be equal," *Trends in Biochemical Sciences* 41(2016): 389–40.

14：M. Esposito, "Editorial: Some random reflections on the equal co-first authorships," *Eur J Oral Implantol* 9(3) (2016): 211–2.

12章

1：W. R. LeFanu, *British Periodicals of Medicine, 1640-1899* (Baltimore: Johns Hopkins Press, 1938).

2：W. H. McMenemey, "The Lancet 1823-1973," *Br Med J* 3 (1973): 680–4.

3：T. O. Cheng, "Thomas Wakley and the Lancet," *Int J Cardiol* 162 (2012): 1–3.

4："Wakley, Thomas" in *Oxford Dictionary of National Biography* (Oxford:

Oxford University Press, 2004).
5：N. Rennison, *The London Blue Plaque Guide*, 4th ed. (The History Press, 2015).
6：A. T. Monteath, "Battling Surgeon," *Harefield Hospital Gazette*, August 1962.
7："The founding of the Lancet," *Lancet* (Oct. 6, 1923): 687-91.
8：M. Bostetter, "Journalism of Thomas Wakley," in *Inovaters and Preachers*, ed. J. H. Wiener (London: Greenwood, 1985), 275-292.
9：山崎茂明「Lancet創刊者Thomas Wakleyへの旅（上）」『日本医事新報』No. 4204（2004）：43-47.
10：山崎茂明「Lancet創刊者Thomas Wakleyへの旅（下）」『日本医事新報』No. 4205（2004）：78-80.
11：M. Boyle, "From the grave… Rest in peace, without comment," *Lancet* 362 (2003): 2125.
12："Long, John St. John," *Oxford Dictionary of National Biography* (Oxford: Oxford University Press, 2004).
13：S. Hempel, "John St John Long: quackery and manslaughter," *Lancet* 383 (2014): 1540-1.
14：P. W. J. Bartrip, *Mirror of Medicine: The BMJ 1840-1900* (Oxford: Oxford University Press, 1990), 41.
15：C. Wakley, "Against the elite," *Journal of the Islington Archaeology & History Society* 6(3) (2016): 10-1.
16：D. Jaffe, "Wakley Street," *Lancet* 352 (1998): 175.
17：http://www.mappalondon.com/london/north-east/clerkenwell.jpg
18：London County Council, *Names of Streets and Places in the Administrative County of London*, Fourth Ed. (London: County Council, 1955).
19："Wakley and Barts," *Lancet* (June 6, 1953): 1159.
20："Eponymous streets," *St. Bartholomew's Hospital Journal* (May 1953): 99.
21：R. Jones, "Thomas Wakley, plagiarism, libel and founding of the

Lancet," *J R Soc Med* 102 (2009): 404-10.
22：S. S. Sprigge, *The Life and Times of Thomas Wakley*, Facsimile of 1899 ed. (New York: Krieger Publishing, 1974).

13章

1：C. C. Booth, "Medical communication: the old and new," *BMJ* 285 (1982): 105-8.
2：W. R. Le Fanu, *British Periodicals of Medicine, 1640-1899* (Baltimore: Johns Hopkins Press, 1938).
3：P. W. J. Bartrip, *Mirror of Medicine: The BMJ 1840-1900* (Oxford: Oxford University Press, 1990).
4：*Oxford Dictionary of National Biography* (Oxford: Oxford University Press, 2004).
5：W. F. Bynum, S. Lock, R. Porter eds., *Medical Journals and Medical Knowledge: Historical Essays* (London, Routledge, 1992), 17.
6：金子務『オルデンバーグ：十七世紀科学・情報革命の演出者』（東京：中央公論新社，2005）35.
7：山崎茂明「19世紀フィラデルフィア医学ジャーナリズムの展開」『情報管理』50(2)(2007)：87-96.
8：ベーコン『ベーコン：世界の大思想』服部英次郎訳者代表（東京：河出書房新社，1974）.
9：同上書，476.
10："Whonamedit?: Jenner," the Dictionary of Medical Eponyms, http://www.whonamedit.com/doctor.cfm/1818.html (accessed 2016-12-10).
11：山内一也『近代医学の先駆者：ハンターとジェンナー』（東京：岩波書店，2015）70-2.
12：R. A. Weiss, J. Esparza, "The prevention and eradication of smallpox," *Philos Trans R Soc Lond B Biol Sci* 370(1666): 20140378 (2015).

14章

1：Nicholas H. Steneck『ORI研究倫理入門：責任ある研究者になるために』山崎茂明訳（東京：丸善，2005）.

2：C. T. Ambrose, “Plagiarism of ideas. Benjamin Rush and Charles Caldwell--A Student-mentor dispute,” *Pharos Alpha Omega Alpha Honor Med Soc* 77(1) (Winter 2014): 14–23.

3：*Ibid.*, 18.

4：R. H. シュライオック『近代医学の発達』大城功訳（東京：平凡社，1974）118–19.

5：Ambrose, 19.

6：*Ibid.*, 20.

7：H. A. Kelly, W. L. Barrage, *Dictionary of American Medical Biography* (New York: Appleton, 1928).

8：A. Oliver, *Auguste Edouart`s Silouettes of Eminent Americans, 1839-1844* (Charlottesville: University Press of Virginia, 1977).

9：C. Caldwell, *Autobiography of Charles Caldwell, M.D.* (1855; reprint, New York: Da Capo Press, 1968).

15章

1：山崎茂明『論文投稿のインフォマティクス』(東京：中外医学社，2003).

2：栗山正光「ハゲタカオープンアクセス出版社への警戒」『情報管理』58 (2) (2015) : 92–9.

■著者プロフィール

山崎 茂明（Shigeaki Yamazaki）

1947年東京生まれ。早稲田大学第一文学部（社会学）卒業、慶應義塾大学大学院図書館・情報学専攻博士課程満期退学。図書館情報学博士（愛知淑徳大学）。職歴は、紀伊國屋書店、埼玉医科大学図書館、東京慈恵会医科大学医学情報センター講師、愛知淑徳大学文学部助教授、同人間情報学部教授、現在は2018年より愛知淑徳大学名誉教授。専門は、科学コミュニケーション、特に、レフェリーシステム、研究業績評価、科学発表倫理。1989年夏、College of Physicians of Philadelphiaへ短期留学、アメリカ医学教育形成史に関する調査を行い、第32回国際医学史学会（アントワープ、1990）で口頭発表し、論稿は*Scientometrics*誌に発表した。

著書：『看護文献検索ガイド』（日本看護協会出版会、1992）、『医学文献サーチガイド』（日本医書出版協会、1993）、『生命科学論文投稿ガイド』（中外医学社、1996）、『研究評価』（共編著、丸善、2001）。『科学者の不正行為』（丸善、2002）。『論文投稿のインフォマティクス』（中外医学社、2003）、『パブリッシュ・オア・ペリッシュ』（みすず、2007）、『科学者の発表倫理』（丸善出版、2013年）、『科学論文のミスコンダクト』（丸善出版、2015）他。翻訳：『ORI研究倫理入門』（丸善、2005）他。論文：「学術雑誌のレフェリーシステム」（科学、1989）、「論文発表からみた日本の生命科学」（科学、1991）、Ranking Japan's life science research（*Nature* 1994）他。趣味はモダンジャズ、美術館めぐり。

発表倫理——公正な社会の礎として

2021年3月3日　初版第1刷発行

著　者　山　崎　茂　明
発行者　大　塚　栄　一

検印廃止

発行所　株式会社　樹村房
〒112-0002
東京都文京区小石川 5丁目11-7
電　話　03-3868-7321
ＦＡＸ　03-6801-5202
振　替　00190-3-93169
http://www.jusonbo.co.jp/

本文組版／難波田見子
印刷・製本／美研プリンティング株式会社

ISBN978-4-88367-344-5